新农村建设丛书

大白菜生产技术

韩玉珠　主编

吉林出版集团股份有限公司
吉林科学技术出版社

图书在版编目（CIP）数据

大白菜生产技术 / 韩玉珠编 .

—长春：吉林出版集团股份有限公司，2007.12（2025.1 重印）

（新农村建设丛书）

ISBN 978-7-80762-092-1

Ⅰ . 大…　Ⅱ . 韩…　Ⅲ . 大白菜 – 蔬菜园艺　Ⅳ . S634.1

中国版本图书馆 CIP 数据核字（2007）第 188841 号

大白菜生产技术
DABAICAI SHENCHAN JISHU

主　　编　韩玉珠

责任编辑　李婷婷

开　　本　850mm×1168mm　1/32

字　　数　110 千

印　　张　4.25

版　　次　2007 年 12 月第 1 版

印　　次　2025 年 1 月第 13 次印刷

印　　刷　三河市元兴印务有限公司

出　　版　吉林出版集团股份有限公司
　　　　　吉 林 科 学 技 术 出 版 社

发　　行　吉林出版集团股份有限公司

社　　址　吉林省长春市福祉大路 5788 号

邮　　编　130000

电　　话　0431-81629968

电子邮箱　11915286@qq.com

书　　号　ISBN 978-7-80762-092-1

定　　价　24.00 元

AI实践导师
7*24小时在线 带你学习实用知识

在线阅读
AI电子书 随时随地查阅

技术讲解
视频在线看 轻松掌握技巧

惠农指南
政策细解读 助力高效发展

"码"上开启 致富之路 ——

长本事 换脑筋
多挣钱 少吃亏

出版说明

　　《新农村建设丛书》是一套针对"农家书屋""阳光工程""春风工程"专门编写的丛书，是吉林出版集团组织多家科研院所及千余位农业专家和涉农学科学者倾力打造的精品工程。

　　丛书内容编写突出科学性、实用性和通俗性，开本、装帧、定价强调适合农村特点，做到让农民买得起，看得懂，用得上。希望本书能够成为一套社会主义新农村建设的指导用书，成为一套指导农民增产增收、提高自身文化素质、更新观念的学习资料，成为农民的良师益友。

目　录

第一章 概 述

大白菜是十字花科芸薹属一二年生草本植物，别名结球白菜、黄芽菜、包心白菜等。大白菜是中国特产蔬菜之一，在全国各地普遍栽培，在海拔 3600 米（如西藏拉萨）处也有种植，但主要产区在长江以北，为冬春季的主要蔬菜之一，种植面积占秋播蔬菜面积的 30%～50%，食用期长达半年之久，故又被称为"半年菜""当家菜""坐镇菜"。

第一节 大白菜生产概况

一、大白菜在蔬菜生产中的重要地位

俗话说"百菜不如白菜"。大白菜叶球品质柔嫩，每 100 克产品含水分 94～96 克、碳水化合物 1.7 克、蛋白质 0.9 克，还含有矿物盐及维生素等多种营养物质。大白菜可供炒食、煮食、凉拌、做馅或加工腌制。

大白菜自古以来在蔬菜生产上就有非常重要的地位，《本草纲目》《农政全书》等古农书中均有记载。尽管到了 20 世纪 80 年代中后期，随着蔬菜种植结构的调整，保护地栽培面积迅速发展，尤其是日光温室大面积推广和使用，以及南菜北调等市场流通网络的形成，使大白菜的销量有所减少，但大白菜作为秋、冬、春三季蔬菜供应的主导地位并未改变。现代贮藏和加工技术的发展，也保证了大白菜在蔬菜生产中继续占有重要地位，这是其他蔬菜不能替代的。

二、大白菜的生产方式

(一) 单一栽培大白菜

1. 露地生产　传统的大白菜生产都是露地生产，吉林省各地区一般于 7 月中下旬播种，10 月中旬陆续采收，然后利用冬季的自然条件贮存，慢慢销售或食用，可以供应到春节前后。虽然目前冬贮大白菜逐渐减少，但是露地栽培仍然是大白菜的主要栽培形式。

2. 地膜覆盖　地膜覆盖为春大白菜最简单的栽培方式，在温室、大棚等保护地条件下育苗，在合适的条件下定植在露地，采用地膜覆盖可以有效地提高早期的地温，促进大白菜幼苗生长，缩短缓苗期，对东北各地区常常出现的"倒春寒"也有一定的抵抗作用。

3. 中小棚保护地生产　中小棚保护地生产是春大白菜早熟栽培的有效方式。在温室、大棚等保护地条件下育苗，在合适的条件下定植在露地后，根据情况采用小拱棚或中棚覆盖，不仅可以有效地提高苗期的地温，也可改善大白菜幼苗生长的小气候，缩短缓苗时间，防止"倒春寒"，能促进生长，提早收获。这种方式虽然投资有所增加，但是上市早，菜价好，效益高。

4. 遮阳棚保护生产　夏大白菜即耐热大白菜，吉林省一般在 6~7 月播种，8~9 月收获。虽然夏大白菜具有较好的耐热性，可以在 35℃ 条件下正常生长，但在相对较低的温度下生长得更好，生产中夏大白菜生长期间正值"三伏"，最高气温经常超过一般耐热大白菜的忍耐高温（35℃），不利于大白菜的生长，因此生产上要采取各种降温措施，保障夏大白菜正常生长，其中采用遮阳棚栽培是简单有效的方式之一。

(二) 间作套种

间作套种不仅可以提高土地利用率，而且可以合理利用作物间的相互作用，提高产量和品质，调节供应期，增产增收。

三、市场对大白菜产品的需求

大白菜因其分布广、面积大、产量高、耐贮运、供应期长、营养丰富、食用方法多样，再加上种植较简易、省工、成本较低、价格低廉，所以在市场上占有重要地位。但是随着生活水平的日益提高，蔬菜种类日趋丰富，市场对大白菜产品提出了新的要求：供应上要求四季有大白菜，特别是春季、夏季等反季节有大白菜供应；商品性要求小型化、营养丰富、具有保健功能、彩色化，彩色大白菜不仅外观美观，富含胡萝卜素、维生素C等营养成分，而且质地脆，熟食、生食皆宜；食用性要求生食、熟食兼备，多汁脆嫩、涮锅易熟、叶大绵软适宜包饭以及快餐等专用品种。

四、当前制约大白菜种植效益的关键问题

造成种植大白菜效益低的直接原因是供大于求，生产上有多种供大于求的表现形式。

1. 市场品种多样化，大白菜需求相对下降　随着保护设施栽培的发展，以前露地不能生长的蔬菜，在保护设施下可以生产了；交通运输业的发展，使得市民可以及时吃到异地生产的新鲜蔬菜。蔬菜市场的多样化，市民选择的空间扩大，相同时段大白菜的需求有所下降，因此应该适当调节大白菜品种结构，排开供应，以提高效益。如果继续按照原来的规模生产大白菜，那么必然导致供大于求，价格下降，效益低。

2. 盲目追赶，造成季节性大白菜过剩　大白菜与其他蔬菜一样，都存在丰年、歉年的变化，丰年价格低，歉年价格高。在广大农村往往出现跟风现象，今年价格高，明年种植的人就多，种植面积也就大，结果供大于求，价格下跌，效益必然下降。如果翌年种植的人减少，价格又将上涨。

3. 收获季节错位，造成局部大白菜过剩　由于气候影响，导致大白菜收获期推迟，如果赶到蔬菜旺季，形成大量蔬菜同时上市，加上未能及时运出，市场供大于求，供应过剩而价格很低，价格不高，效益自然差。

4. 交通不畅，基地压菜　专业大白菜基地必须有稳定的销售

渠道，最好有订单，仅仅靠市场拉动存在很大的风险，畅通的运输可以及时转移大白菜产品，否则大白菜积压，价格下降，将造成丰产不丰收。

5. 服务体系不完善 稳定的蔬菜基地一般应该形成以乡镇为桥梁、以村为基础、以示范户为补充的上下沟通、左右相连的科技服务网络，在产前及时为种植户提供准确的市场信息、所需要的蔬菜种子以及其他农资物品，产中进行必要的生产技术指导，产后提供相关的贮运保鲜、加工及销售等社会服务。目前大多数地方的服务体系不完善，造成信息不正确、科技指导不到位等，导致生产的品种不对路、产量无保证、销售无市场等，最终经济效益无保障。

6. 农药残留问题严重，出口不畅 我国的大白菜价格低，在国际市场上有很强的竞争力，为我国主要的出口蔬菜之一。但由于国内种植户生产管理粗放，病虫害问题严重，加上对农药残留认识不足及对无公害蔬菜生产知识的缺乏，一些剧毒农药大量使用，造成大白菜农药残留超标，使大白菜的出口受到限制，市场占有率下降。

第二节　植物学性状

一、根

大白菜的根是吸收和传导水分及土壤养分的器官，也是对整个植株起支持作用的器官。大白菜的根是浅根性直根系，主根上着生两列侧根，主要根群分布在距地表 25～35 厘米的土层中。壮大的根群是促进地上部旺盛生长和提高植株抗灾、防病能力的基础，因此根是作物生长好坏的关键，所以人们常说"根深叶茂"。大白菜根系较浅，吸收能力较弱，发叶速度快，生长量大，蒸腾水量多，宜选择肥沃、疏松、保水、保肥的中性或微酸性粉沙壤土、壤土和轻黏壤土，要求具有良好的排灌条件。中国北方多用垄作或平畦栽培，南方多为高畦栽培。垄作和高畦便于排水和保持土壤疏松，促使植株根群发达，减轻软腐病危害。

大白菜始终以新生的根系吸收功能为最强。苗期、莲座期靠植株近处不要深锄；干旱季节应少锄多浇，甚至暂时保留小草进行地面遮阴降温；结球期根就不发展了，要停止中耕，加强水肥管理。育苗移栽的白菜，于处暑季节低温下降后尽早移栽，以减少伤根，有利于新根及早发生。

二、茎

大白菜处于营养生长期时茎短缩，进入生殖生长期后抽生花茎，高度达 60～100 厘米。茎的作用在于支持叶片和花的生长、输送水分和养分，根据茎部生长时期和外部形态表现，大白菜茎有以下三种：

1. 幼茎　即幼苗期的茎，指幼苗出土后，子叶以下、根部以上的部分。幼茎在高温多雨的季节生长，存在的时间很短。幼茎的长相是识别子叶期幼苗健壮与否的重要标志，凡子叶出土后幼茎粗短、坚挺、直立的就是壮苗，而幼苗细长、弯曲、倒伏的则是弱苗，如果播种过密、幼苗拥挤，幼茎往往徒长且细长柔弱。弱苗影响以后根系的吸收功能，很难长出硕大的叶球。

2. 短缩茎　短缩茎是营养生长时期着生叶片的茎。由于叶片不断分化，叶数增加，叶序排列紧密，节间短且粗，所以称为短缩茎，俗称"白菜疙瘩"。大白菜所有的外叶以及球叶均在短缩茎上生长。短缩茎的形态因不同品种而异，多呈圆锥形，上下两端直径较小。一般来讲，短缩茎粗，单株产量就高。此外短缩茎长短在一定程度上可以反映大白菜品种的冬性强弱，秋播收获时如果短缩茎较细且长，说明该品种冬性较弱，在较高的温度下便可通过春化，容易发生先期抽薹；如果短缩茎较短且粗，说明该品种冬性较强，通过春化的条件较严格，不易发生先期抽薹。在短缩茎节间内，每个叶腋内都有叶芽，在条件适合时，这些腋芽就会生长小球，俗称"抱娃子"，会影响大白菜的产量和品质。

3. 花茎　花茎是指翌年春天从短缩茎上长出的花薹，不仅茎顶端可抽出主薹，叶腋间的芽也可抽出侧枝，在主薹和侧枝上可长出一级和二级分枝。分枝数目的多少与单株种子产量有关，分枝多的种子产量高。一般大母株分枝多，春化株分枝少。此外，随着人们对蔬菜食品多样化的要求，也可以采收刚抽出还没有木质化的幼薹供食用，其食用效果近于菜薹。

三、叶

大白菜是食叶菜类，叶子是最主要的食用部分，在不同的生育阶段，全株先后发生的叶片表现为多型性。

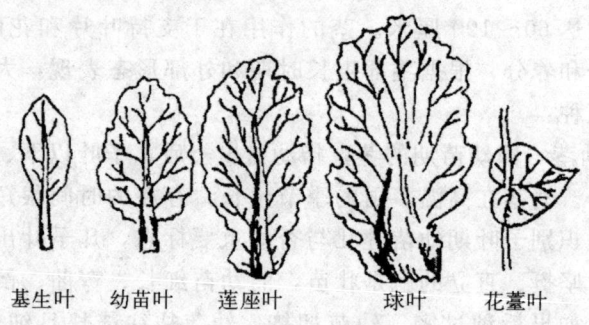

基生叶　幼苗叶　莲座叶　　　球叶　花薹叶

图1—1　大白菜的叶型

1. 子叶　子叶是种子中胚的一部分，在种子期已经形成。播种后种子遇到适宜发芽的温度、湿度和空气等良好条件时，经2～3天子叶便伸出地面。子叶两片，对生，肾脏形，绿色。子叶的完整程度对幼苗以至于成株和产量都有重要影响，子叶受伤后幼苗的重量和最终产量都有不同程度的下降。

2. 基生叶　叶节以上的两枚叶片称为"基生叶"，是第一对真叶，在大白菜播后7～8天，着生于短缩茎上，与子叶垂直排列成十字状（拉十字），长椭圆形，叶缘有锯齿，表面有毛，有明显叶柄，无叶翅，又称为"初生叶"。

3. 中生叶　是指初生叶之后到球叶出现之前的叶子，着生于短缩茎中部，倒卵圆形，互生。中生叶围绕着短缩茎生长形成叶环，称为"莲座叶"，早熟品种每5片叶子围绕短缩茎2周形成一个叶环（即2/5），中熟品种和晚熟品种则每8片叶子围绕短缩茎3周形成一个叶环（即3/8）。中生叶叶片宽大、皱褶，无明显叶柄，有叶翅。中生叶含有大量叶绿素，在日光下进行光合作用，为主要同化器官，也叫功能叶，是制造养分的叶，并对叶球起到很好的保护作用。

4. 顶生叶　也叫球叶或心叶，着生于短缩茎顶端，叶片互生。外层球叶较大，略有叶绿素；内部球叶无叶绿素，呈白色或黄白色。球叶的主要作用是贮藏养分，是大白菜同化产物的贮藏器官，并以褶抱、叠抱和拧抱方式向心抱合形成叶球。叶球的数目和抱合方式因不同生态型、变种、品种而异。如果把叶球心部（菜心）很小的叶片都计算在内，不同品种球叶数目可达到30～80多片。球叶少于45片以下的品种，单叶重量大，称为"叶重型"，多数是早中熟品种；球叶多于60片，称为"叶数型"，多数为中晚熟品种或晚熟种。为了提高大白菜的单产，就要在一定土地面积内合理地利用空间，在大白菜外叶长足、长好的基础上增加球叶足够的数目和重量。

大白菜每个叶片都具有宽大肥厚的叶柄，即中肋，一般称为"菜帮"。叶片中肋的两侧还生长有不规则的小叶片，称为"叶翼"。有没有叶翼，是大白菜和小白菜（不结球白菜）在植物分类学上的重要区别。

5. 茎生叶　在生殖生长阶段，大白菜抽出的花薹上着生的叶称为"茎生叶"，茎生叶基部合抱于花茎上呈耳状，互生，叶柄不明显。花茎下部的茎生叶大，上部的茎生叶小，表面光滑、平展，叶缘锯齿少。

四、花、果实和种子

大白菜的花、果实和种子都是大白菜的生殖器官，其作用为繁衍后代。

1. 花　大白菜的花是完全花，最外层有绿色萼片4枚；花萼内为 4 枚花瓣，黄或淡黄色，呈十字形排列；花瓣内层为雄蕊 6 枚，四强二弱，即外层 2 枚雄蕊较矮，内层 4 枚雄蕊较高；雌蕊 1 枚，位于花中央，子房上位。

大白菜花为无限生长，复总状花序。花丝基部生有蜜腺，借昆虫传播花粉，属异花授粉作物，单株有效花期为 20～30 天，单株花数 1000～2000 朵。在温度适宜的条件下，开花越早的花结荚率越高，种子越饱满。大白菜天然杂交机会多，留种时要避免和其他不同品种的大白菜、小白菜、芥菜、菜薹、芜菁（窝儿蔓）、油菜（菜子）和雪里蕻等十字花科作物"串花"（天然杂交），采种时要注意隔离。

2. 果实和种子　大白菜的果实是长角果，喙先端呈圆锥形，中间有一层隔膜，种子着生在隔膜两侧，成熟的果实极易开裂，并将种子散出。一般每株结荚果 400～600 个，每荚果有种子 15～30 粒。授粉后 30 天左右种子成熟。种子球形，红褐或褐色，少数黄色，千粒重 2～3 克。种子使用年限为 2～3 年。

第三节　生长发育过程及对环境的要求

二年生大白菜的生长发育过程分营养生长和生殖生长两个阶段。从秋季播种到叶球长成收获是第一阶段，大白菜在秋季冷凉气候条件下进行营养生长，形成硕大叶球，并孕育花芽，称为"营养生长时期"；从第二年春季把经过冬季贮藏休眠的大白菜母根栽到田间，大白菜在温和及较长日照下抽薹、开花、结籽是第二阶段，称为"生殖生长时期"。

由于种子萌动后就能感受低温，在 0℃～10℃经 10～30 天通过春化阶段，因此早春播种当年也可开花、结籽，表现为一年生植物，即一年完成一个世代。这种当年完成一个世代的早期抽薹现象，在栽培春播结球白菜或高寒地区栽培秋季大白菜时，遇到异常低温及播期不当，经常会发生灾害，造成减产、绝收。

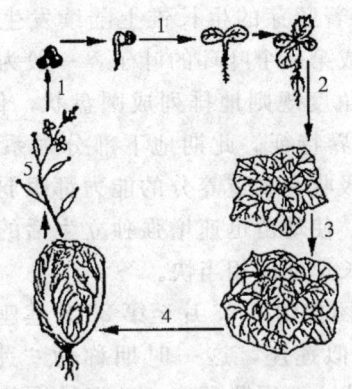

图 1—2　大白菜生长发育过程
1. 发芽期　2. 幼苗期（拉十字）　3. 莲座期（团棵）
4. 结球期　5. 抽薹开花期

一、营养生长期

这一阶段主要生长营养器官，最后孕育生殖器官的雏体。大白菜营养生长时期包括发芽期、幼苗期、莲座期、结球期和休眠期。

1. 发芽期　通常是指播种后，从种子吸收水分开始萌动，子叶出土，子叶展开到真叶显露这一时期。从播种到发芽期结束在适温 20℃～25℃需 5～6 天。一般在播种后的第 3 天，子叶完全展开，同时两个基生叶显露，俗称"破心"，这是发芽期结束的临界特征。

此期除需要一定的温度和水分外，主要靠种子中贮藏的养分供给发芽和生长，因此种子内贮藏养分的多少对发芽、幼苗生长及以后的结球都有很大影响。大粒种子一般比小粒种子贮存的营养物质多，生长势强，能培育成壮苗，有较高的抗灾、抗病能力。

2. 幼苗期　从真叶显露到第 7 片叶至第 10 片叶展开，生长适温为21℃～23℃，需 16～20 天。一般播种后 7～8 天，基生叶生长到与子叶大小相同时，与子叶垂直排列成十字形，这一现象称为"拉十字",接着胚芽的生长锥上陆续发生叶原基。这些叶原基逐渐生长发育成第一个叶环的叶子,一般为 5～10 片,这些叶子按一定的开展角度规则地排列成圆盘状,俗称"团棵",这是幼苗期结束的临界特征。此期地下部分根系入土较浅,根数少;叶片小且少,吸收和制造养分的能力都很弱。在栽培上要采取措施,促进生长,使幼苗迅速增强独立生活的能力。此期植株生长量不大,但生长速度却相当快。

3. 莲座期 从团棵到第 23 片至第 25 片莲座叶全部展开并迅速扩大,叶丛开张似莲座,这一时期称为"莲座期",也称为"发棵期"。此期形成主要同化器官。此期结束的临界特征为叶丛中心叶片出现抱合生长。在 17℃～22℃ 适温下,早熟品种需 15～20 天;中晚熟品种需 25～28 天。植株苗端在此时期逐渐向生殖顶端转化。

这一时期外叶生长旺盛,光合能力增强,光合物质相应增多,根系迅速增长,须适当中耕"蹲苗",并及时浇水、追肥。白菜霜霉病常在这时发生和流行,要尽早防治。如果是早熟种,或遇到长期严重干旱,则不宜蹲苗。

4. 结球期 从心叶开始抱合到叶球形成的这一时期为"结球期",又称为"包心期"。此期植株生长量最大,占植株总生长量的 70％左右。新根很快密布在土壤表层,大量吸收水分和养分,从而加速心叶生长,形成大且紧实的叶球。生长适温白天为 15℃～22℃,夜间为 5℃～12℃。结球期长短因品种而异,早熟品种需 25～30 天,中晚熟品种需 25～50 天。结球期常分为前、中、后三期。

(1) 结球前期 由心叶的外层构成叶球轮廓,称为"抽桶"或"长框"。

(2) 结球中期 又叫"灌心""壮心"期。此期内部已分化出的叶子迅速长大,使叶球充实,是叶球内部生长充实最快的时期。

（3）结球后期　外叶养分向球叶转移，叶球体积不再增大，心叶继续增长使叶球坚实。叶球重量不断增加，叶缘发黄。叶球生长停止，为此期结束的标志。大白菜从播种开始到结球完成，早熟品种需 65～70 天，中晚熟品种需 85～90 天。

结球期是外叶继续制造营养并向叶球输送的重要时期。尤其在结球前期和中期，要加强肥水管理。同时，还应注意防治软腐病和黑斑病。

5. 休眠期　叶球形成后因气候转冷被迫进入休眠，即从收获到第 2 年出窖为止。此期植株依靠叶球贮藏的养分和水分生存，生理活动极为缓慢，呼吸与代谢作用很低。温暖地区没有休眠期。

以上是大白菜营养生长期的各个时期，各时期是一个循序渐进的过程，各时期之间密切相关，相互影响，只有了解各个阶段的特点，创造适宜的环境条件，最大限度地满足大白菜的生长发育需要，才能获得高产稳产。

二、生殖生长期

秋播大白菜进入结球期，营养苗端已转变为生殖顶端，某些品种在结球中期甚至已分化出花序原基和花原基。这时温度日趋降低，日照愈来愈短，花器呈现缓慢生长状态，潜伏于叶球中。植株于翌春进入生殖生长时期。生殖生长期一般分为返青期、抽薹期、开花和结果期。种株在温度 5℃～10℃时由休眠状态转为活动状态，球叶由白色逐渐变绿，开始发生新根，随后开始抽薹，并不断发生分枝，生长适温为 18℃～20℃。以后自下而上不断开花和结成角果，最后种子成熟。冬春温暖的南方地区，栽培的早熟品种常在结球后期便抽薹孕蕾，遇温暖气候便抽生花枝和开花。

1. 抽薹期　大白菜开始结球时，茎端生长点已经开始孕育花芽，到结球中期幼小的花芽已经分化出来，只是由于气温逐渐降低，花芽分化缓慢，不能在当年抽薹而已。在休眠中期，大白菜以其本身的养分供应幼小花芽维持生存。贮藏后期随着气温的升高和大白菜休眠期的即将结束，叶球内部的花茎加快生长。当土壤解冻，将越冬的白菜植株重新定植到田间时，残留的主根再生新根，花薹也迅速抽出，即进入抽薹期。随着花薹的伸长，茎生叶叶腋间的一级侧枝也都长出。当主花茎的花蕾长大，即将开花时，抽薹期结束。大白菜的抽薹期为25天左右。

2. 开花结果期　从植株开花到种子成熟是开花结果期，为40～45天。在这一时期，花蕾和侧枝迅速生长，逐渐进入开花盛期，开花后15～20天，果荚即长成。此后花枝停止生长，果荚和种子迅速生长。大部分果荚变成黄绿色，荚内种子变为褐色时，即可收获。

至此，大白菜营养生长、生殖生长结束，完成了一个生长周期。在一个生长周期中，每一个时期都生长一定的器官，每一个时期都是给后一个时期打基础。因此，在栽培上必须环环抓紧，一要抓好种子，二要抓好芽子，三要抓好苗子，四要抓好莲座叶，最后才能得到好叶球，获得丰产。

三、对环境条件的要求

（一）温度

大白菜属于半耐寒性蔬菜，喜温暖和凉爽的气候，不耐高温和严寒。生长适温为12℃～22℃，在10℃以下生长缓慢，5℃以下停止生长。短期0℃～2℃受冻后尚能恢复，-2℃～5℃下则易受冻害。

大白菜在各个生长期对温度的要求是不一样的。

1. 发芽期　最适宜温度为20℃～25℃，在此温度条件下，如能保持土壤湿润，播种3天幼苗就基本能出齐。如果温度过低，则发芽缓慢；如果温度过高，发芽虽然快，但幼苗细弱，生长不良。

2. 幼苗期　适宜温度为22℃～25℃。温度高于25℃，并且气候干旱，极易引发病毒病。

3. 莲座期　最适温度为 17℃～22℃。温度过高时，植株易于徒长和诱发病害；温度过低时，植株生长缓慢而延迟结球。

4. 结球期　在温度 12℃～18℃时包心良好，最理想的气候条件是日照充足，昼夜温差大。

5. 休眠期　最适温度为－1℃～1℃。温度长期低于－2℃时，植株易受冻害；温度高达 5℃左右时，植株呼吸作用加强，贮藏的养分被大量消耗，细菌活动加剧，白菜易脱帮腐烂造成损失。

6. 抽薹期　12℃～16℃最利于花薹和根系的均衡生长。

7. 开花结实期　月平均温度以 17℃～22℃最为适宜。如果温度过低，则抽薹开花不旺盛；如果温度过高，则植株易早衰或出现畸形花，都会妨碍正常结实。

大白菜在整个营养生长时期要求一定的积温，即从 5℃～25℃有效积温以天为单位的总和。积温越少，生长期就越长，否则就结球不良。吉林省栽培的中晚熟品种要求有效积温为 1600℃左右。

每天的昼夜温差（日较差）对大白菜的生长也有重要影响。北方地区大白菜结球期要求白天温度为 16℃～20℃，夜间温度为 5℃～15℃。白天温度高，积累养分多；夜间温度低，消耗养分少，这样可有更多养分用于植株自身生长和积累。

此外，大白菜不同品种或类型对温度的要求也不同。

（二）光照

大白菜属长日照蔬菜，但对日照时数的要求并不严格。一般在日照 12～13 小时和温度 18℃～20℃条件下就能通过光周期进入生殖生长时期。光照强度对大白菜的光合作用有重要影响，所以为了叶球的更好形成，需要充足的光照。如果光照不足，光合作用降低，那么就会影响叶球的紧实度和产量。据测定，大白菜的中下层叶片对弱光照有一定的适应性，因而适当密植能增产是有理论依据的，而且为大白菜与高秆作物进行间作、套作创造了条件。

光照对大白菜的生态也有直接影响。在强光照下，叶片宽，叶柄短，叶色绿，叶肉厚，叶片平铺生长；在弱光照下，叶片长，叶柄长，叶色较淡或黄绿，叶肉薄，叶片趋向于直立生长。

（三）水分

大白菜质地柔嫩，含水量高达95％左右，叶片多，叶面积大，角质层薄，因而蒸发量大，加之大白菜根群分布浅，不能利用土壤深层的水分，所以大白菜对土壤湿度要求较高。水分不足时，不仅产量低，纤维也增多。

大白菜对水分的要求在各个生育时期都有所不同。种子发芽期，要求土壤保持湿润、通气良好，利于迅速发芽出苗。幼苗期需水不太多，以土壤层0～20厘米内水分含量达17％～20％为宜。莲座期外界温度高，急需促使根系向下深扎，使吸收器官健壮伸长，所以要见干见湿，后期及时中耕蹲苗，使田间表层土壤保持疏松干燥，下层土壤应保持良好的含水状态，一般以20厘米深处土壤含水量达17％～19％为宜。结球期球叶迅速增长，该期是植株需水量最大的阶段，土壤含水量需达到19％～21％才能满足叶球增重高峰期的需水要求，应经常保持地面湿润。采收前7～10天应停止浇水，以降低大白菜叶球的含水量，增加其耐贮性。生殖生长的前期，为了促进扎根，宜控水增温；中后期要促进花器发育良好，提高种子产量，宜适当灌水。

大白菜不要求很高的空气湿度，但相对湿度低于60％则显著不利于地上部生长，能经常保持在70％～80％就好。连阴雨天和高温期雨后天晴，田间空气湿度达到90％以上，此时病虫害容易发生，故应掌握雨前不浇大水和高温期雨后"压清水"（涝浇园）的浇水措施。

（四）土壤

大白菜对土壤的选择不很严格，除十分疏松的沙质土或过于低湿的田块土，一般都可以栽培，以在土层深厚、富含有机质、蓄水强、排水良好的肥沃壤土或黏壤土上生长为好。土壤酸碱度

（pH 值）以中性或微酸性为宜，pH 值高于 8 或多雨地带的酸性土壤都不适合栽种大白菜。栽种在沙性土壤上的大白菜，根系迅速发展，幼苗发棵快，莲座叶生长迅速，但因土壤蓄水保肥力差，结球期易肥水不足，导致结球不紧实。栽种在黏性土壤上的大白菜，根系生长缓慢，幼苗和莲座叶生长也慢，到结球期，因蓄水保肥力强，叶球往往高产，但产品含水量大，品质稍差，易患软腐病。

（五）营养

由于大白菜的个体和群体生长量很大，需要大量的氮、磷、钾等营养元素，每 667 平方米产 6000 千克大白菜大约需氮 18 千克、磷 8 千克、钾 21 千克，三种营养元素需要量的比例大约是 2：1：3。不过大白菜的吸肥量并非一成不变，要根据气候、土壤种类、施肥量确定不同肥料的用量。

1. 氮　氮是形成蛋白质的重要成分，也是促使大白菜细胞分生和伸长的重要元素。氮素供应充足，有促进叶片迅速增大、增重，增加叶绿素含量，扩大叶面积和提高产量的作用。氮素过多，但磷、钾不足时，植株易徒长，叶大且薄，包心不实，品质差，抗病力弱；氮素不足时，叶淡绿，甚至叶色黄绿，植株停止生长。在大白菜不同的生长期中，以幼苗期需氮量最多，次为莲座期，到了结球期渐次减低。说明在白菜生长前期和中期施用氮肥十分重要。结球期植株需氮量虽低，但增长量大，仍需追施氮肥。

2. 磷　磷能促进植物根群发育，增进根部吸收水肥和抗旱能力；能促进植物更多地吸收利用氮肥；能加速细胞分裂，促进白菜结球坚实，提高品质。磷肥充足时，大白菜的根系发达，心叶加速生长，促进结球，有利于增加净菜率。磷肥不足时，植株发育不良，叶色暗绿，叶背的叶脉呈红紫色。大白菜在结球期，球叶氮和磷的含量都高于外叶，这说明磷肥是不可缺少的。

3. 钾　钾是形成和运输碳水化合物的重要元素，能促使外叶制造的养分迅速向球叶输送。钾肥充足时，植株生长健壮，包心快且坚实，能增加产量，提高大白菜的品质。大白菜缺钾会引起外叶边缘发黄，焦脆易倒，制造养分减少，产量下降。

此外，大白菜缺乏其他元素时也常引起生理障碍。如缺钙时易引起心叶边缘枯黄，称为"干烧心"；缺硼时常在叶柄内侧出现木栓化组织，由褐色变为黑褐色，叶片周边枯死。

大白菜各时期对营养元素的吸收量与植物体干重大体成正比。莲座期以前对营养元素的吸收量占总吸收量的20％，结球期占总吸收量的80％，这说明大白菜在结球期增长量最大，需要的养分也最多。其所需的肥料应在结球期以前早施，以后还需结合土壤肥力、施肥量、天气情况等酌情追施。从相对的吸肥量来看，大白菜幼苗期的吸收量大于莲座期，更大于结球期。由于幼苗期植株生长速度快（幼苗终止期单株的重量比一粒种子重近2000倍），最好能在播种前施入速效氮肥。经验证明，在基肥（有机肥）中混入氮素化肥有较好的效果。否则应在缺少底肥的情况下，施用种肥或及早追施苗肥。高产田块的地力一般都经过多年培养，所以从苗期一开始植株生长就好。

大白菜所需肥料的种类：作基肥用的肥料包括厩肥、圈肥、人粪及堆肥、绿肥等。作追肥用的速效性肥料包括各种化肥和腐熟的人粪尿等。

第二章　大白菜分类与品种选择

第一节　大白菜的分类

一、按生态类型分类

普遍栽培的大白菜属于大白菜进化的高级类型——结球变种，球叶抱合形成坚实的叶球，球顶钝尖或圆，闭合或近于闭合，要求较高的肥水条件和精细管理，产量高，品质好，耐贮藏。根据品种分布、所在地的生态环境、生产条件等，可以把大白菜品种分为三种基本生态型，如图2—1、图2—2所示。

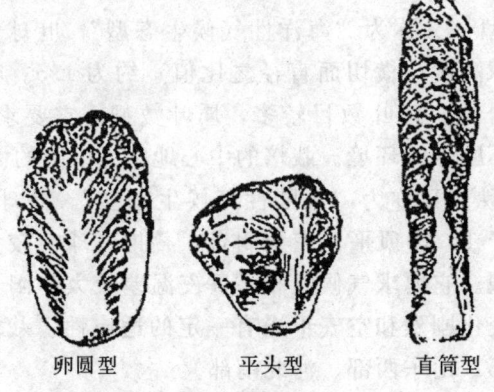

卵圆型　　　平头型　　　直筒型

图2—1　大白菜三种基本生态型

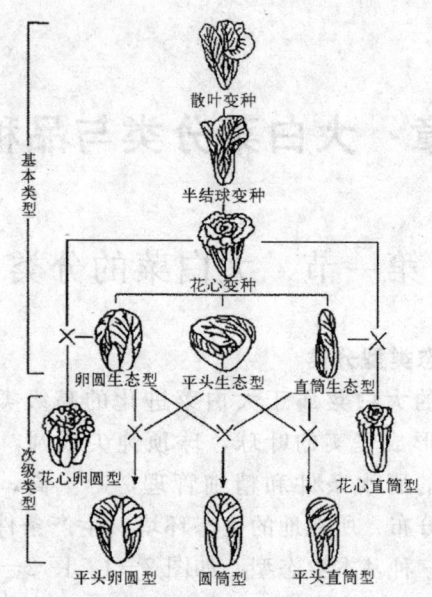

图2-2　大白菜分类和进化示意图（李家文，1979）

注：图中的"×"号表示不同类型之间的杂交。

1. 卵圆型　又称为"海洋性气候生态型"。叶球卵圆形，球形指数（叶球高度与横切面直径之比值）约为1.5。叶球抱合方式为褶抱或合抱。球叶数目较多，属叶数型。它要求气候温和、湿润、变化不剧烈的环境。栽培的中心地区为中国的山东半岛。

2. 平头型　又称为"大陆性气候生态型"。叶球倒圆锥形，球形指数近于1，球顶平，完全闭合，叠抱。球叶较大，叶数较少，属叶重型。它要求气候温和、昼夜温差较大、阳光充足的环境，对气候变化剧烈和空气干燥有一定的适应性。栽培的中心地区为河南中部、山东西部、河北南部。

平头型和卵圆型的结球习性均属于"充实型"，即在结球初期外层的球叶首先抱合成球状，且已接近成熟时的大小，以后心叶不断充实叶球，生产上常称为"灌心"，内叶越多、越大，叶球就越结实。

3. **直筒型** 又称为"交叉性气候生态型"。叶球细长，圆筒形，球形指数约为4，球顶钝尖，近于闭合，拧抱，其结球方式为"连心壮"。球叶长倒卵形。栽培的中心地区为河北东部近渤海湾地区，基本为海洋性气候，但因靠近内蒙古，常受大陆性气候冲击，使该生态型形成了对气候适应性强的特点。

除以上这三种生态型，结球大白菜还派生出次级类型，如平头直筒型、平头卵圆型、圆筒型、花心直筒型、花心卵圆型等。

二、按栽培季节分类

1. **春型** 冬性和耐寒能力强，不易抽薹，在春季栽培，多属于早熟结球品种。

2. **夏秋型** 耐热和抗病能力强，多在夏季至早秋栽培，供夏季和早秋上市。

3. **秋冬型** 在秋季至初冬大量栽培，供冬季及早春食用，多属结球的中晚熟品种，该类型的品种最多。

三、按叶球结构分类

1. **叶数型** 球叶数较多，单叶较轻，叶的中肋较薄，主要靠叶数增加球重，外层约30片叶可构成球重的50%以上，卵圆品种多属此类型。

2. **叶重型** 球叶数目较少，单叶较重，叶的中肋肥厚，最外层十几片叶，重量大，可占叶球重的50%～70%，直筒型和某些平头品种多属此类型。

3. **中间型** 介于叶数型和叶重型之间，某些直筒型、叠抱类型属此类型。

四、按抱合方式分类

我国大白菜栽培历史悠久，品种资源非常丰富，全国各地都有适合当地栽培的大白菜品种。大白菜从熟性上分为早熟品种、中熟品种、晚熟品种，从季节上分为春用品种、夏用品种、秋用品种。大白菜按抱合方式分类如下：

1. 合抱类型　北京改良 67 号、北京大牛心、京春 99、强势、春夏王等。

2. 叠抱类型　北京小杂 60 号、北京小杂 61 号、京秋 65、北京新 3 号、胶白 6 号、亚蔬 1 号、夏阳等。

3. 拧抱类型（直筒或半直筒型）　北京 80、京翠 60、京翠 70、秋绿 60、秋绿 75、晋菜 3 号等。

五、其他分类

大白菜还可以按叶色分为青帮型、白帮型和青白帮型，主要以叶绿素含量为标准。一般说来，青帮品种比白帮品种抗逆性强，水分少，干物质含量多，也较耐贮藏。

第二节　大白菜的品种选择

选择适宜的大白菜品种是获得丰产、优质、高效的前提，要根据产、供、销等具体情况而定。

一、大白菜品种选择的误区

种大白菜选择什么样的品种，是否是正规种子公司、科研院所的产品，种子发芽率、纯度怎样，是否适应当地气候条件，经济性状是否符合当地市场消费需求，抗病性如何等，都是选种前必须考虑的问题。有些种植户种大白菜随大流，人家种啥自己就种啥，不敢种植新优品种，有时选品种图便宜，省了几角钱，结果少赚几百元。甚至还有不按品种特性要求种植，因抽薹开花不结球、抗病性差、适应性差等原因最终造成减产或绝产。

1. 只认品种名，不看品牌　同一个品种有不同的生产厂家，不同的制种单位生产的种子质量也各有差异，如发芽率、纯度等。种植户看到同一名称的品种种子袋大，包装外观也不错，价格比较便宜，为图省事、便宜而不考虑种子的生产厂家和品牌，选购此类种子，播种后就可能发现出苗率差，长势弱，纯度也达不到要求。

2. 年年种老品种，很难接受新品种　大多数农民每年都种同一个品种，人家种啥自己种啥，新品种很难打进市场。加之农民对新品种的认识度较低，怕担风险，即便有技术人员推荐，仍然心有疑虑。

3. 不看市场需求种菜　以前菜农种菜以自产自销为主，只有少量蔬菜供应当地市场，随着交通运输业的飞速发展和市场经济体系的完善，省际、国际的蔬菜流通增加，种植蔬菜主要以当地市场及外销市场为主。不同的地区由于消费习惯的不同，对大白菜的需求也不同，因此市场上销售好的品种应适当多种，其他品种少种或不种。

4. 误认为早熟品种适应性广，任何时候播种都行，对品种特性缺乏全面了解　春播、夏播、早秋播的大白菜品种生育期都较短，为45～65天。春播大白菜由于低温春化，容易抽薹开花，宜选用耐抽薹的品种。大部分早熟品种不耐抽薹，不适宜春播，个别能春播的品种也得有一定的防护措施才能种植。夏播要选用耐高温、结球性好的品种。早秋播种就要选生长速度快、抗病性好的品种。

5. 误认为南方、北方品种可以通用　不同的地理纬度和海拔高度所形成的气候条件有很大差异。高纬度和高海拔地区无霜期相对短于低纬度和低海拔地区。南方育成的品种在北方因气候原因生长不良，存在生态适应性问题，反之亦然。而且每一个新品种都是在一定的生态环境和栽培条件下选育出来的，具有一定的适应性。种植者应在种植前详细了解该品种对气候、土壤、温度、湿度、光照等环境因素的适应能力，尽量从与本地自然条件相似的地区引进，所选品种的生育期应接近或短于本地无霜期，避免因纬度和海拔高度的差异导致生育期延长或缩短而造成严重的减产，以增大大白菜种植成功的保险系数。引进一个品种最好先试种2～3年，再扩大生产。

6. 不注意饮食习惯的影响　一个品种在当地有没有市场，是主栽品种还是搭配品种，与当地消费习惯关系密切。比如山东等大部分地区喜欢包头型大白菜，球叶多，适合做馅、炖菜用；北京等地区喜欢直筒型大白菜，容易贮藏码放；南方地区喜欢幼苗、叶球兼用型品种；东北地区喜欢合抱型、炮弹型大白菜，适合做泡菜用。反季节栽培时，只要能栽培成功，消费习惯就成为次要问题。同时，随着蔬菜栽培技术的提高及市场供应多元化的发展，人们的消费习惯也正在逐步改变。

7. 不注重品种的质量，片面追求品种的产量　在人们生活水平日益提高的今天，大白菜的口感、甜味、易熟性以及是否适合加工等风味品质均成为选择种植品种时应注意的问题。大多数种植户为了获得较高的产量，大量施用化学肥料，尤其是氮素肥料，使大白菜的口感度差、品质降低，导致消费者对大白菜的需求减少，从而导致了增产不增收现象的发生，在生产中应注重选择耐瘠薄、长势旺盛的品种。另外，人们对健康的日益重视，绿色食品越来越受到青睐，因此选择抗病品种、减少农药的使用是获得较高经济效益的有力手段。

二、大白菜品种选择的原则

根据要播种的季节和准备上市的时间选择大白菜品种。在种植季节上主要分为春播、夏播、早秋播和秋播四大类，上市时间分别为春末夏初、夏末秋初、秋季和冬季。春播选耐抽薹、低温下不易春化的品种，夏播选耐热性好、高温结球性好的品种，早秋播选抗病性好、早熟性好的品种，秋播选生育期略长、品质好、丰产、抗病、耐贮运的品种。在选择种植品种时要看其生育期、植株及叶球性状、抗病性、丰产性、抗逆性、适应性等多种指标。

从栽培方面来说，第一，要因地制宜，选择适合当地气候条件和栽培季节的品种。第二，要选择品质好、产量高、抗性强的品种。第三，要选择净菜率高的品种。第四，要根据当地的栽培条件而定，如果土壤肥沃、肥料充足、灌溉条件好，则宜选用耐肥水的高产品种；反之，则宜选用耐瘠薄的中产品种。

从供销方面来说，首先应选择符合当地消费习惯的大白菜品种，如叶球的形状、色泽、风味等。如进行加工，还可考虑适合加工的品种。其次，为了保证均衡供应，可进行早、中、晚熟品种配套。最后，秋冬生产还要选择耐贮藏的品种。

从消费方面来说，要选择质地柔嫩、纤维少、风味好、营养价值高的品种。

此外要选择正规品牌良种，并且注意先试种后推广，确认没有因气候、土壤等原因造成的毁灭性病害发生后再扩大面积推广。总之，大白菜品种很多，每个品种都有其优势，也有其不足，各地可因地、因时制宜选择符合当地生产和消费的品种，采用适当的管理方法、恰当的防治措施，扬长避短，从而取得较好的产量和收益。

三、大白菜品种市场变化趋势

虽然人民生活水平的日益提高，蔬菜种类日趋丰富，但不少人仍然钟情于大白菜，所以，如何提高大白菜的品质，丰富大白菜的品种，满足各方面的需求，是生产者面临的一个问题。

一般来说，大白菜按栽培季节分为春白菜、夏白菜、早秋白菜（贩白菜）和秋白菜；按熟性分为极早熟、早熟、中熟和晚熟；按球形分为近球形、头球形（锥形）、炮弹形和直筒形；按抱合类型分为叠抱、合抱、拧抱和舒心等。据专家预测，将会成为市场需求重点的大白菜品种的特征如下：

1. 反季节栽培的春夏大白菜品种　市场上引自国外的春白菜品种的缺点是抗病毒病和抗干烧心的能力较差，且生长期较长，我国育成的春白菜品种在晚抽薹性和产量方面有待进一步提高。关于北方抗高温干旱的夏白菜品种的研究工作任重道远。在我国北方春季和高寒山区夏季广泛种植的春白菜品种，虽然晚抽薹性较强，但抗病性、品质和耐贮性亟待改进和提高。

2. 耐贮运品种　随着我国贮运和外贸行业的发展，大白菜特产区面积增加，相应的大白菜品种应紧紧跟上，如北京新 3 号具有抗病、耐贮运、长短一致、上下等粗、易于包装、品质好的特点，但也存在一些不足之处，如抗病毒病能力有所降低，在盐碱地栽培或管理不良时易产生干烧心，对软腐病和黑腐病抗性不强，亟须得到进一步的改进和提高。

3. 特色优质品种　培育优质、综合性状好的大白菜品种仍是今后长期努力的方向，要继续培育新、奇、特、高营养或具有特殊颜色、风味的品种，如黄心、橘红心品种；为了超市和出口的需要，培育优质、结球紧实、外观漂亮、耐贮运、货架期长的中小型品种；另外从食用需求出发，还可培育生食多汁脆嫩、涮锅易熟、叶大绵软的包饭品种以及快餐等专用品种。

4. 加工品种　我国每年生产大白菜数量很大，深加工是大白菜的出路之一，随着大白菜加工业的发展，培育相应的加工专用品种将是育种新的目标之一。加工品种一般要求产量高、营养丰富、干物质含量高，但不同加工方法对大白菜品种的要求也不尽相同，所以有针对性发展加工专用型品种甚为重要。

5. 抗病品种　高抗病虫害品种的选育永远是大白菜育种最重要的目标之一，栽培上使用抗病品种不但省工省时，而且可以表达品种的优良特性，此外还可以有效减少喷药次数，易于生产绿色或无公害安全优质产品，这对销售和出口都是至关重要的。

四、大白菜品种介绍

吉林省大白菜的主栽类型是直筒半结球类型和少量结球类型。该类大白菜生长期较长，叶球充实，品质好，耐贮藏，供应时间长，栽培普遍。吉林省大白菜主栽品种随着时间的推移大体可分为 4 个演变阶段：20 世纪 50 年代以前，以种植地方品种为主，同时引进外省良种，对本地品种进行系选改良后推广，如吉林大矬、青帮河头等。20 世纪 60 年代，由于地方品种抗性减退，产量下降，开始重视大面积推广抗病性强的品种，如大矬菜、通化菜、核桃纹、河头等。20 世纪 70 年代，各地种植品种较多，有引进推广品种、新选育品种和地方良种，主要有河头、大矬菜、牛心菜、天津青麻叶等。20世纪80年代至90年代初，高产、优质、抗性好的大白菜杂种一代逐渐代替原有品种成为当地大白菜主栽品种，如吉研3号、吉研4号、北京新1号等。

（一）春大白菜品种

大白菜是春性作物，在种子萌动和幼苗期处于低温条件下，可使植株通过春化阶段，提前进入生殖生长时期，引起抽薹开花。春季适合大白菜生长的时间较短（日均温10℃～22℃），播种早，前期遇到低温通过春化，后期遇到高温长日照而抽薹，不能形成叶球，而且春大白菜生长后期常遇到高温、多雨等恶劣天气，软腐病、霜霉病、蚜虫、小菜蛾、菜青虫等严重发生，导致大白菜减产或绝收。因此，要种好春大白菜，就要选用生长期为50～65天、冬性强、耐低温、抗早期抽薹的早熟类型品种。另外，一些秋播中早熟品种叶球生长速度快，有较强的冬性，可适当晚播，也可作为春大白菜栽培。生产上较为广泛应用的品种有以下几种：

1. 鲁春白1号 青岛市农业科学研究所育成的一代杂种。生育期65天左右。冬性较强，抗霜霉病和病毒病，风味品质良好。春季种植，抽薹率仅0.16％。每667平方米产净菜5000千克。在青岛地区可于3月底至4月初播种，6月上旬采收上市。

2. 冠春 西北农林科技大学园艺学院蔬菜花卉研究所育成的春大白菜1代杂种。中熟，生育期60天左右（从定植至收获）。高抗病毒病、霜霉病、黑斑病、软腐病和干烧心。该品种在全国栽培叠抱型春季大白菜的地区均可适宜种植，一般每667平方米产净菜6000千克左右。

3. 青研3号 青岛市农业科学研究所育成的春大白菜1代杂种。冬性较强，早熟，直播后60天收获。每667平方米产净菜4500～5000千克，综合抗病性强，风味品质好。

4. 京春早 北京蔬菜研究中心育成的春大白菜1代杂交种。

极早熟，抗霜霉病、软腐病和病毒病，耐抽薹，品质极佳。每667平方米产净菜4500千克左右。定植后40～45天收获。适宜春季栽培。

5. 北京小杂56　北京蔬菜研究中心育成的杂交1代种。抗病、耐热、耐湿，品质中上，商品性好，适应性广。早熟，生长期50～60天。每667平方米产净菜4000～5000千克。

6. 春时极早生　中国种子集团公司从国外引进的杂交1代种。极早熟，生长期55天左右。低温结球性强，抽薹晚，适于春季栽培。适宜在北京、河北、湖北、福建等地及其他相似生态区种植。

7. 春夏王　中早熟品种。抗霜霉病、软腐病、黑斑病、白斑病、病毒病甚强。

8. 春大将　早熟品种。抗病性强。

9. 四季王　耐低温，不易抽薹。抗软腐病、黑斑病、病毒病能力强，生长迅速。

（二）夏大白菜品种

夏大白菜苗期处于高温干旱时期，蚜虫繁殖频繁，病毒病表现比较严重。进入生长期正值菜青虫繁殖高峰，心叶很容易被吃掉，影响大白菜包心。进入生长后期又值多雨季节，易暴发软腐病，影响产量，降低品质。因此，夏大白菜所选用的品种应具有生长期短、生长速度快、耐热性强、能在炎热夏季形成紧实叶球，植株开展度小、叶片较直立、外叶数少，抗病性强、耐湿性较好的特点。国内外相继培育出了一批耐热品种或1代杂种，多是极早熟和早熟类型，生长期为45～60天，能在月均温25℃～30℃的条件下生长，生长速度快，可以在炎夏时形成坚实叶球。

1. 早熟5号　浙江省农业科学院育成的极早熟杂种1代。生长期为50～55天，每667平方米产净菜3000～4000千克。耐热、耐湿，抗炭疽病，适于高温多雨时期作为小白菜栽培，也可于早秋作为结球白菜栽培。

2. 津夏 2 号　天津市蔬菜研究所育成的耐热大白菜 1 代杂种。耐热，耐湿，抗霜霉病、软腐病和病毒病。早熟，生育期 45～50 天，每 667 平方米产净菜 3500 千克左右。

3. 北京小杂 50 号　北京蔬菜研究中心育成的极早熟大白菜 1 代杂种。生长期 45～50 天，每 667 平方米产净菜 4500 千克左右。耐热，抗病毒病和软腐病，品质优良。

4. 中白 50　中国农业科学院蔬菜花卉研究所育成的 1 代杂种。株型直立。早熟、耐热，生长期 50～60 天。高抗病毒病，抗霜霉病、黑斑病。

5. 夏阳 50　由日本引进的大白菜 1 代杂交种。极早熟，生长期为 50～55 天。生长旺盛，株型直立，可密植。耐湿，抗热性强，在 30℃～35℃高温下仍生长正常。较抗软腐病和病毒病。每 667 平方米产净菜 4000～4500 千克。

6. 津白 45 号　由天津市蔬菜研究所育成。极早熟，为夏播堵淡季品种，生育期 45 天左右。耐热性强，抗病毒病和霜霉病。品质佳，商品性状好。每 667 平方米产净菜 4500～5500 千克。适宜全国各地区种植。

（三）早秋大白菜品种

早秋大白菜由于播种育苗和生育期均处于气温较高的季节，所以应选用耐热、抗病毒病的早熟品种。一般播后 55～65 天成熟，生育期过短则叶球太小，生育期过长则不利于早熟。

1. 郑早 60　河南省郑州市蔬菜研究所育成的早熟大白菜 1 代杂种。生育期 55～60 天。每 667 平方米产净菜 6000 千克左右。高抗病毒病和软腐病，抗霜霉病。适应性广，主要作为早秋栽培。

2. 中白 60　中国农业科学院蔬菜花卉研究所育成的中早熟大白菜 1 代杂种。生长期约 60 天。抗病毒病、霜霉病和软腐病等。每 667 平方米栽 3000～3500 株。

3. 津绿 55　天津市蔬菜研究所育成的早熟大白菜 1 代杂种，

生长期 55 天左右。抗病毒病和霜霉病。适宜全国各地种植。

4. 北京小杂 60　北京蔬菜研究中心育成的早熟大白菜 1 代杂种。生长期 55～65 天。耐热，抗病毒病和霜霉病能力强，耐运输，耐短期贮存，播种和收获适宜期较长。适宜北京郊区及相似生态区种植。

5. 津白 56 号　由天津市蔬菜研究所育成。早熟品种，生育期 50～60 天，可兼作春播品种。耐热性强，抗病毒病和霜霉病。每 667 平方米产净菜 4500～6500 千克。适宜全国各地区种植。

6. 沈农 TR21 快白菜　由沈阳农业大学园艺系育成。高抗病毒病，抗黑斑病。适宜辽宁、吉林和黑龙江等地种植。

（四）秋大白菜品种

在东北地区种植大白菜，用于供应秋末冬初市场时，宜选用耐热性强、生长期短的早熟品种；用于贮藏，供应冬春市场时，宜选用生长期长、高产、耐贮藏的晚熟品种。此外，还应根据当地生长季节的长短、气候条件的变化、栽培条件的好坏、病害发生情况、消费习惯等选择适宜的品种，以获得较高的经济效益。

1. 津绿 75　天津市蔬菜研究所育成的中熟大白菜 1 代杂种。生长期 75 天左右。每 667 平方米产净菜 6500～8000 千克。品质佳，抗病毒病和霜霉病。

2. 秋珍白 6 号　山东省济南市历丰春夏大白菜研究所育成。生长期 68 天左右，高抗病毒病，抗霜霉病和软腐病，抗干旱，耐涝，耐热。

3. 北京新 3 号　北京蔬菜研究中心育成的中晚熟大白菜 1 代杂种，生长期 80 天。抗病毒病、霜霉病和软腐病，品质好，耐贮存。北京地区立秋前后播种，10 月下旬收获。

4. 吉林大矬　吉林市红旗农场育成。每 667 平方米产量 5700～6700 千克。生育期 80～90 天。对肥水条件要求较高，生产潜力较大，耐贮藏。对病毒病和软腐病抗性较强，对霜霉病和白斑病抗性中等。适宜吉林、辽源、长春地区栽培。

5. 四平矬　四平市蔬菜良种场育成。平均每667平方米产量为4000千克。生育期80～85天。对病毒病、霜霉病和软腐病抗性中等。适宜吉林、辽源、长春等地栽培，为四平地区主栽品种。

6. 长春快　吉林省蔬菜科学研究所育成。每667平方米产量5000～6000千克，高产可达6700千克以上。生育期65～70天。抗病性较强，尤其对软腐病抗性更强，产量稳定，较耐贮藏。适宜作为长春地区早白菜和倒茬地的主栽品种，也适宜作为磐石市秋白菜的主栽品种，还适宜辽源、吉林、延吉等地区栽培。

7. 通杂1号　通化地区园艺研究所育成的1代杂种。每667平方米产量5700千克左右。生育期90天左右，属晚熟品种。较抗病毒病和白斑病。适宜通化和白山地区栽培。

8. 吉研3号　吉林省蔬菜花卉科学研究所育成的杂交品种。生育期85天左右。每667平方米产量5000～7000千克。对霜霉病、白斑病和软腐病抗性较强，对病毒病抗性中等，较耐贮。适宜吉林、长春、四平和辽源等地区栽培。

（五）特色大白菜品种

随着人们生活水平的提高，消费者对大白菜品质、口感、可食用方式都提出了新的要求。各地科研单位也致力于新品系的研发，为丰富大白菜市场供应，现已培育出了橘红心、黄心和微型白菜等具有特色的大白菜。特色大白菜在生产中的广泛应用，极大地提高了种植户种植大白菜的经济效益。

1. 彩色大白菜　彩色大白菜外叶多为绿色，叶片根据品种不同具多种形态，秋播品种有早熟和中晚熟品种，生育期60～80天不等；对病毒病、霜霉病及软腐病抗性强；在肥水充足的情况下，产量较高，一般每667平方米产净菜6500～7000千克。彩色大白菜营养价值很高，其维生素A、维生素C和胡萝卜素的含量是普通大白菜的15倍以上，有排毒、养颜和利尿之功效，且口感清新爽口，略带甜头，回味无穷。生产上推广较多的品种有以下几种：

（1）金冠 1 号　西北农林科技大学园艺学院蔬菜花卉研究所育成的彩色大白菜 1 代杂种。中晚熟，生育期 85～90 天。球叶外层 2～3 片叶为绿色，内层叶色为金黄色。软叶率高，粗纤维少，品质极佳。熟食、腌渍颜色不变；生食质地脆嫩，味甜，口感佳。高抗病毒病、霜霉病、黑斑病、软腐病。该品种在全国栽培叠抱型秋大白菜的地区均适宜种植。一般每 667 平方米产净菜 6500～7000 千克。

（2）金冠 2 号　西北农林科技大学园艺学院蔬菜花卉研究所育成的彩色大白菜 1 代杂种。中熟，生育期 75～80 天。球叶外层 2～3 片叶为绿色，内层叶色为橙黄色。软叶率高，粗纤维少，品质极佳。熟食、腌渍颜色不变；生食质地脆嫩，味甜，口感好。高抗病毒病、霜霉病、干烧心、黑斑病、软腐病。该品种在全国栽培叠抱型秋大白菜的地区均适宜种植。一般每 667 平方米产净菜 6000 千克左右。

（3）北京橘红心　北京蔬菜研究中心育成的晚熟大白菜 1 代杂种。生长期 80 天。外叶绿色，叶柄绿色，叶球叠抱，中桩，球内叶橘红色。抗病毒病、霜霉病和软腐病，品质优良。适宜北京、河北、山东、东北地区种植。

（4）天正橘红 58　山东省农业科学院蔬菜研究所育成的早熟 1 代杂种。生育期 58 天。外叶绿色，内叶橘红色，切开后经太阳略微暴晒后，色泽更加艳丽。每 667 平方米产净菜 3272.7 千克，口感好，品质佳，生食微甜，熟食易烂。对霜霉病、病毒病、软腐病抗性强。

2. 娃娃菜　是一种袖珍型的小株白菜，属于十字花科芸薹属白菜亚种。因个体娇小、生长期短、质地脆嫩、风味佳，深受生产者和消费者喜爱。娃娃菜产品已广泛出现于超市货架上。在海拔高的地区和气候温和的季节种植品质最佳，是我国有推广前途的名优特菜品种。现在市场上主要品种有以下几种：

（1）京奉娃娃菜　北京蔬菜研究中心育成。外叶绿色，叶球合抱，球叶浅黄色，株型较小，适于密植，包球速度快，品质佳，定植后45～50天可采收，抗病毒病、霜霉病和软腐病，耐抽薹性强，适宜春季种植。

（2）京夏娃娃菜　北京蔬菜研究中心育成。播种后45～50天采收，耐热，耐湿，包心早，株型小，适于密植。外叶深绿色，叶面皱缩，质地柔软，无毛，叶球拧抱，球叶浅黄白色，品质佳，高抗病毒病和霜霉病，抗软腐病，适宜在夏秋季种植。

（3）红心娃娃菜红宝1号　山东省微山县华兴种苗研究所育成的1代杂种。球叶叠抱，柱状，上下粗细一致，适宜装在纸箱中运输，外叶绿色、无毛，内叶橘红色，风味清香，叶柄薄，适合生食。生育期55～60天，球高28厘米，球径16.5厘米，单球重约2千克。去除外叶，保留150～200克的菜心，可作为娃娃菜上市，颜色鲜艳，抱合紧实，不散叶，帮正不扭曲，菜形美观，营养丰富。

第三章　大白菜高产优质栽培技术

一、选择优良品种是高产优质的基础

大白菜品种繁多，每个品种都有一定的适应范围，不可乱引乱种。选择适宜品种要根据以下几个原则进行：

1. 供应季节　在秋末冬初食用的白菜，俗称早白菜，宜选用花心、翻心品种或生长期短的早熟结球品种。如果打算在贮存后冬春食用的，宜采用生长期较长、产量高、耐贮藏的结球品种。春季栽培则可以选用生长期较短、不易抽薹、生长快、结球快、后期抗高温的早熟品种。

2. 气候条件　大陆性气候地区宜采用平头型品种；海洋性气候地区宜采用卵圆型品种。

3. 生长期　地区不同，适于白菜生长的时间长短也不一样。因此，选择的大白菜品种要与本地区的季节气候条件和生长期长短相适应。

4. 食用习惯　不同地区的消费者对白菜的形状、颜色、叶柄薄厚、风味有一定的食用习惯，如有的愿意吃长菜，有的愿意吃圆菜。选择品种时，要充分考虑消费者的喜好。

5. 栽培条件　如果土壤肥沃，肥料充足，水利条件也好，就可选用大型高产品种。反之，可选用小型的早熟品种或对水肥条件要求不严格的一些品种。

6. 病害情况　选用抗病品种是高产稳产的重要条件。青帮青叶的品种抗病性强，随着品种叶色的减退，其抗病性也逐渐减弱。

二、茬口巧安排是满足供应的前提

大白菜是一种生长速度快，病虫害相对发病率较高的蔬菜。如果是晒茬地要选择高粱、谷子、玉米、大豆等粮食作物作为前茬，不要选甜菜茬。甜菜茬地力消耗大，即使播前施用一定数量的基肥，生产效果也不好。晒茬地经过半年多休闲后，播种大白菜，水肥充足，有利高产。

(一) 大白菜的前茬作物应具备的条件

如果前茬作物是蔬菜的复种地，那么前茬作物应具备下列条件：

1. 生长期短　前茬作物收获后距大白菜播种要有一段充足的时间，以便进行翻耕晒垡，熟化土壤，恢复地力。这类作物包括早熟西葫芦、早熟黄瓜、菠菜、马铃薯等。

2. 根系浅　前茬作物的主根较短或无主根，而且根系多分布于土壤表层，虽然表土层养分消耗较多，但心土层养分吸收较少，如芹菜、大蒜等。

3. 非十字花科　十字花科作物的有些病虫害能直接传染给大白菜。而禾本科、伞形花科、葫芦科、豆科、茄科作物的病虫害却难以传染给大白菜。

4. 减轻病害　软腐病是大白菜的重要病害，但大葱和大蒜收获后再种大白菜，软腐病就很少发生。这是因为葱蒜类的根部能分泌一种大蒜素，具有杀菌作用，所以病害极轻，很少发生。

5. 消耗地力少　凡是吸收肥力强的作物，消耗地力都大，如玉米、大麦、小麦、菠菜等，而豆科作物的菜豆、豇豆等，不仅消耗肥力少，而且地下根瘤菌还能固氮，可提高土壤肥力。再如黄瓜根系弱，需肥量虽大，但吸肥力弱，一经收获，还剩有余肥留给下茬，因此豆类、黄瓜都是大白菜的较好茬口。

(二) 大白菜的前茬作物主要类型

1. 早茬　以收获较早的马铃薯、西葫芦、番茄等为前茬，在收获后能及早整地、晒垡和休闲，以促进土壤中养分分解和消灭土中潜伏的病虫。

2. 肥茬　前茬作物是施肥多的蔬菜，如黄瓜、西瓜、甜瓜等。菜豆在栽培过程中施肥较多，因其根系较浅，而耗肥又少，特别是豆类因根瘤菌可以固定空气中的氮，可以培肥地力，对大白菜生长有利。施氮肥少，而耗肥多的南瓜等不适宜作前茬。

3. 辣茬　以大葱、大蒜、韭菜、洋葱等百合科蔬菜为前茬。这类作物根系的分泌物对土壤有杀菌作用，能减少软腐病的发生。有些菜农与大蒜套种的方式也能起到类似的作用，还能加强通风透光，增强了防病效果。

4. 晚茬　一般指腾茬较晚的蔬菜，如茄果类蔬菜，在种大白菜时应进行抢收腾茬，及早耕作，多施有机肥，精细管理，以弥补不足。

三、精种细管是提高经济效益的保证

大白菜生长快，适应性强，栽培形式多样，可利用其不同品种和栽培形式，进行排开播种，分期采收供应，均衡上市，以达到周年有产品供应的目的。

第一节　秋季大白菜栽培技术

一、栽培季节和茬口安排

秋冬大白菜主要生长期都在月均温5℃～22℃的期间，为了争取较长的生长期以达到增产的目的，常利用幼苗有较强的抗热力而提前在温度较高时播种，同时也适当延迟到霜冻前收获。秋季栽培大白菜的田块多以生长期短的绿叶菜类和小萝卜为前作。

二、秋季大白菜栽培技术

（一）整地、作畦、施基肥

1. 整地

（1）晒茬地的整地　一般晒茬地在前一年秋季深翻33厘米，经过冬春风吹日晒，有利于改善土壤物理性状，土壤变得疏松、通气，肥力提高。再经过春季浅耕 21～24 厘米，打垄晒土，对土壤起到天然的消毒灭菌作用，能减少大白菜病虫害发生。为了消灭杂草，7 月初再破垄夹肥，起垄后压实待播种。一般在播种前锄一遍杂草更为有益。

（2）倒茬垄作的整地　在前茬作物收获后要及时清除前茬作物和杂草，做到早倒茬、早整地，倒一块、整地一块。抓紧时机浅耕 16～22 厘米，然后起垄晒垄，有利于消灭病原菌，减少病虫害。如果前茬收获较晚，那么要抓紧时机翻耕，也可不翻耕，直接按原垄扶垄。

2. 作畦　秋季栽培大白菜一般进行垄作（或称高畦栽培），垄高 10～15 厘米，依浇水条件而异，一般每垄 1 行。采用高畦栽培，在整地时应注意：

（1）耕耙时要精细平整土面。畦面和沟底要平，如果高低不平，高处供水不足，则大白菜生长不良，低处积水易发生软腐病。

（2）垄的倾斜度要适宜。如果倾斜度过大，则上端和下端浇水不匀；如果倾斜度过小，则大雨时排水不良。

（3）畦长以种植 50～60 株菜为宜。

（4）必须在畦的下端设排水沟，以便浇水过多和大雨后及时排水。这对于防治软腐病极为重要。

3. 施基肥　大白菜的生长速度比较快，在 90 天左右的生育期间，由 1 粒小小种子长成 2～3 千克重的植株需要有充足的营养供应。每 667 平方米施用农家肥 4000～5000 千克，在耕地前先将 60% 的农家肥均匀撒在田里，耕地时翻入深土层中。耙地前再把 40% 撒在田里，耙入浅土层中，然后做垄。如果混合施用化肥和农家肥，则更有利于提高肥效。一般每 667 平方米混施硝酸铵 10～16 千克和过磷酸钙 10 千克。农家肥以人粪尿、牛马粪、鸡鸭粪、堆肥、粪干为好，施用的农家肥必须经过充分腐熟发酵，不然生粪在土壤中发酵产生高温容易伤苗根，影响出苗，还会发生病毒病。施用硫酸铵可在播前整地破垄时条施在垄沟里，然后合垄。此外，播种时可每 667 平方米施口肥 7～10 千克，这样能促使幼苗出土整齐，生长健壮。但一定不能让化肥与种子接触，以免烧芽、烧根。

（二）选用良种和种子处理

1. 选用良种　选用优良品种是大白菜丰产的基础。在选择品种时，要全面考虑本地区的气候特点、市场需要、品种的抗病力强弱、品质好坏等。

2. 筛选种子　品种选定以后，播种前还要做好筛选种子工作。饱满的种子含有养分多，萌发的幼苗苗壮。小粒种子和秕种先天发育不良，播种后幼苗瘦弱，大小苗不齐。所以在播种前要用筛选法，筛去种子中的秕粒和小粒，去掉杂质，选用成熟度好、粒大饱满的种子，同时在播种前进行发芽率实验。

3. 种子处理　播种前对选用合格的种子还要使用药剂拌种或激素处理。

（1）激素处理　用Ⅰ型天赐灵 50 克加水 150 克，再加 25 克展着剂搅拌均匀后即可播种。通过激素处理的种子出芽整齐，出土快，促进发根，植株的抗病性和抗旱力增强。

（2）药剂拌种　播种前用 50% 福美双或 75% 百菌清可湿性粉剂拌种，每 0.5 千克种子拌 2 克药粉，可防治霜霉病。用 50% 代森铵水剂 200 倍液浸种 15 分钟，然后洗净晾干播种，可防治黑腐病。

（三）播种

1. 播种期　秋季栽培大白菜时，为了争取较长的生长期而达到高产，应尽可能提早播种。早播生长期长，球大、紧实、产量高。如果播种过早，外界气温高，大白菜在发芽期和幼苗期常处于 25℃ 以上的高温，那么幼苗生长细弱，抗病性减低。同时苗期正处于雨季，常会因暴风雨冲刷而使幼根外露，根茎折断，植株容易早衰，不耐贮藏。如果播种过晚，虽然病害减轻，但生育期缩短，尤其是积温不够往往会造成大白菜包心不实，产量和品质下降。所以应选择适宜的播种期。

经过多年的生产实践证明，7月18至28日为吉林省大白菜的适宜播种期。由于全省大白菜栽培面积较大，各地区的气候特点、主栽品种、栽培条件和用途不同，所以播种期也有差异。根据气候特点，长春、吉林、四平、辽源等地区在7月20日至28日播种，通化地区在7月20日左右播种，白城地区在7月15日至22日播种较为适宜。

按照用途考虑，供应国庆节市场需要或用于腌渍的大白菜可适当早播。用作采种母根或窖贮冬春上市的大白菜，应适当晚播。同一地区所用品种不同，播种期也有差异，一般生育期长的品种应适当早播，生育期短的品种应适当晚播。

栽培条件不同，播种期也有迟早之分，通常是山地先播，平地后播；远郊先播，近郊后播；干旱时播种期适当提前，雨水充足时播种期适当延后；水肥条件差的地块先播，水肥条件好的后播。如果遇雨，则雨后要抢墒播种；如果天旱无雨，则要坐水播种。

2. 播种方法　吉林省大白菜的播种以高垄直播法为主，为延长前茬作物收获期，增加收入，还要能保证秋白菜正常生长，可采用育苗移栽法。

（1）高垄直播法　大白菜高垄直播便于使用畜力或机械操作，既能节约劳动力，又能提高劳动效率，尤其是在播种面积大，时间紧迫的情况下，能做到适时播种，不误农时；直播的幼苗生长迅速，无需缓苗时间，同时根部不会造成许多伤口，可减少软腐病的发生；高垄利于排水，大白菜在苗期不会受涝。由于垄上土壤通气性好，白菜根系生长健壮，吸收力强，有利于获得高产；高垄行间通风透气较好，既有利大白菜生长，又能减少病害发生。但高垄直播占地时间长，用种量大，不便于苗期管理等。

为保证出苗整齐，需采取下列措施：

①最好在雨后表土相当湿润时播种,如表土层干燥须先浇水造墒或播种后在沟中浇水。

②播种沟或穴深度适宜,底部平坦,覆土厚度一致。

③如土质疏松,播种后应进行土面镇压,使种子与土壤密接,可减轻雨水冲刷之害。

④直播大白菜的幼芽出土后怕日晒,最好在傍晚播种,使幼芽在播后两天的傍晚出土,经过一夜后再受日晒。

播种操作:播种前搂平垄上的硬土皮,然后按已定的株距在垄台上刨一长形墒,墒长5～6厘米,墒深约2厘米。播种时可选用优质复合肥每667平方米5～10千克做口肥。注意将口肥施在墒的一侧,另一侧播下种子10粒左右。种子下地要均匀,散落不要聚堆,这样可避免间苗时伤根。封墒覆土要平整,不要有坑洼,避免雨大积水。覆土后用木磙镇压或用脚踩实。如果播种前刚下过雨,土壤太湿,则不能脚踩,要用锄头推一下。如果不镇压,种子上覆虚土,一旦下雨覆土就会流失,将造成幼苗的根系外露而缺苗。如果播种前干旱,那么应坐水播种,即播种前往墒里浇水以湿透墒土下5～6厘米即可。水渗下后播种、覆土,能防止干旱、降低土温、保护根系,保证苗齐、苗全。播种后幼苗出土前遇暴雨又暴晴,土壤形成硬盖时,用锄头轻轻将硬盖拍碎,以利幼苗出土。一般每667平方米的播种量为300～400克。

(2)育苗移栽法 育苗移栽的主要优点是苗期管理方便,同时能节约用种量和提高土地利用率,即使前茬作物收获较晚也适用。但比较费工,栽苗后需要有缓苗期,有时会延误植株生长,挖苗时根部易受伤,伤口愈合慢,增加了病害感染的机会。

①选畦地 育苗畦应选用没种过白菜、甘蓝等十字花科蔬菜的地块,平地后作畦,畦的面积大小可随意,以管理方便为宜。

②播种期 由于育苗大白菜移苗后需要一段缓苗时间,必然影响秧苗生长,所以应比直播法早播种1周左右。

③作畦与播种 育苗畦一般长10～20米、宽1～1.5米。为

便于管理，畦间应留过道。每畦施入腐熟大粪干2~4千克。播种前将畦地翻耙整齐，灌透水后再将畦面割出6厘米×6厘米的小土方，在土方中央扎成0.5~1厘米大小、深1厘米的播种穴，每穴播2~3粒饱满种子，覆土1厘米左右。

④苗期管理　大白菜育苗期正值高温天气，幼苗生长易受抑制，又利于病毒病的发生。因此幼苗出土后，应及时浇一次透水，这样既可以防止干旱又可以降低温度，有利于幼苗生长。以后根据天气情况适时浇透水，苗期注意防治黄条跳甲害虫。

⑤定植　前茬作物收获后，及时整地，为定植做好准备，幼苗长出6片叶时及时定植。定植时根据品种熟性来确定株行距，一般采取带土坐水栽，这样不经缓苗即可全部成活。

3. 留苗或移栽密度　合理密植是增产的一项重要措施。大白菜的播种或移栽密度与品种（表3—1）、土质、施肥量等多种因素有关。植株高大、开展度大的品种要留苗稀一些，而植株小、叶直立性强的品种可栽得密一些；土壤肥沃、施肥量多、物理性能好的土壤可留苗稀一些，而地力较差、施肥不足的地块应该留苗密一些；黏土地应该留苗稀一些，沙土地可适当留苗密一些。

表3—1　吉林省主要大白菜品种的适宜播种期和密度

品种	行距 （厘米）	株距 （厘米）	667平方米 株数	适宜播 种期
吉林2号	60	40	2500~2700	7月25日左右
四平矬	60	33	3000~3500	7月25~28日
吉林大矬	60	40	2500~2700	7月18~23日
四平高	60	40	2500~2700	7月18~23日
九白1号	60	40	2500~2700	7月25日左右
通园2号	60	35~40	2700~3000	7月21~25日
通园4号	60	35~40	2700~3000	7月20日左右

（四）田间管理

1. 全苗措施　大白菜苗期管理的目标是苗齐、苗全、苗壮，要达到这个目标要做好以下几项工作：

（1）防高温、雨涝　播种后要做到不使田间积水闷苗，雨后不发生表土板结"回芽"现象。另外，要防止干旱，避免"干芽"的发生。

（2）查苗、补苗　在幼苗基本出齐后，要逐垄逐埯进行检查，查出缺苗要立即补齐。当大白菜"拉十字"时应立即补苗，即从田间苗密的地方带土挖苗，挖苗时可以把几棵苗一齐挖出，趁雨天移栽成活率高。对补种的小苗补给水肥，促其生长，使整个地块生长一致，达到苗齐、苗全、苗壮的要求。

（3）间苗、定苗　及时间苗、定苗是丰产的重要措施之一。苗期一般采用两次间苗一次定苗的方法。第一次间苗在"拉十字"期，每埯留 5～6 株。这次间苗不要过晚，以免幼苗拥挤徒长，同时影响根系发育。第二次间苗在真叶长出 3～4 片时进行，每埯留 2～3 株。真叶长到 6～8 片时，间成单株进行定苗。定苗时根据品种特性确定好株行距。早间苗、晚定苗能使品种特性充分表现出来。选苗和定苗要掌握四留四去的原则。

①　去歪留正　间苗时要把株距均匀、长在垄中间的苗留下，拔去长在垄帮或是过密的苗。

②　去小留大　间苗时要留大苗、壮苗，淘汰出土晚、生长慢的小苗、弱苗、病苗。

③　去劣留优　间苗时要选留两片子叶大小一致，向外开展生长，大且肥厚，真叶生长正常且新鲜的苗。拔去根部弯曲、茎部徒长、见风摇晃、扎根不稳、没有生长点、心叶不正或向一侧弯曲的偏心苗，以及感染病害、虫害、药害的苗。

④　去杂留纯　根据品种特性选苗、留苗，通过叶片形状鉴定，拔去形状特殊，极少数生长特别旺盛，叶形、叶色与群体不同的杂种苗。

2. 中耕除草

（1）中耕的作用　中耕可以疏松土壤，增加土壤氧气含量，使氧气供给根系呼吸，促进根系生长发育，主根扎得深，侧根吸收面积也大。中耕能增加土壤的透气性，促进土壤中微生物活动，利于有机物分解，将原来不可利用的养分变为可以吸收利用。中耕可保持土壤水分含量，起到防旱保墒作用。中耕可促进土壤水分蒸发，当土壤水分含量过多、氧气缺乏时，可以散发过多的土壤水分，以通透氧气。中耕可以消灭田间杂草。大白菜的幼苗期株行距较宽、地面空隙大，极易滋生杂草，中耕除草既减少土壤养分的损失，也增加植株叶部的通光量。

（2）中耕的时间、次数、深度

① 在第一次间苗后，浅锄 3 厘米，以划破土面、疏松表土和锄去杂草为度并随即培土。这次锄土不可过深，因为此时白菜幼苗根扎得较浅，过深易使整个苗眼的土壤松动而透风，损伤苗根造成死苗。

② 定苗后深锄 5～6 厘米。这次中耕垄沟部分应深锄 10 厘米左右，这样既可促进根系向深发展，也能促进须根系横向扩展，为侧根生长创造良好的条件，促进根系生长。

③ 莲座叶盖满地面前进行第三次中耕。此时根系已横向生长布满表层，不可铲蹚过深，否则易损伤苗根，这次应浅锄 3 厘米并随即培土封垄。

中耕的经验是："深锄深沟，浅锄垄背""湿锄深，干锄浅""开头浅，中间深，开盘以后不伤根"。待外叶封垄后停止中耕，以免伤根损叶。中耕时要随时拔除大草。

3. 追肥　大白菜是一种速生蔬菜，需肥量较大，在施肥时除了施用足够的基肥外，还应适时追肥才能确保丰收。追肥分为土壤追肥和叶面追肥，见效快，持续时间短，用量少。

（1）土壤追肥

① 幼苗期　此期特点是生长速度快，生长量小，吸收能力弱。为了促进幼苗健壮生长，对以后的生长起到积极的效应，追肥应以速效性氮肥为主，用量宜少，以弥补基肥发挥作用缓慢的不足。一般在定苗后每 667 平方米追施硝酸铵 7～10 千克和过磷

酸钙 7～10 千克。

② 莲座期　此期是功能叶和根系健壮发育，球叶分化，为结球期奠定营养基础的转折时期。因此莲座期要有较多的肥料供应才能满足大白菜生长的需要。追肥用大粪稀效果更好，每 667 平方米追施 1500 千克大粪稀或每 667 平方米施硝酸铵和过磷酸钙各 7～10 千克。

③ 结球期　植株在此期生长量最大，吸肥量也最多，所以在结球期必须追施充足的肥料。结球初期每 667 平方米施硝酸铵 13～25 千克和过磷酸钙 7～10 千克，结球中期根据情况再进行一次追肥。追肥时，在两墩之间或在垄帮阴面刨墩将化肥施入，然后覆土。如果在干旱天气施肥，最好结合灌水同时进行。雨天追肥可将化肥直接撒在两株之间的垄上，但不要接触植株，避免烧伤。

（2）叶面追肥　大白菜在原有施肥的基础上，增加叶面追肥具有增产效果。追肥应在结球始期选择晴朗无风的天气进行。

① 喷施米醋　在大白菜莲座期至结球期喷施 300～500 倍米醋液，每隔 7～10 天喷一次，连喷 2～3 次，有增产效果。

② 喷施磷酸二氢钾　叶面喷施磷酸二氢钾能迅速补充磷肥和钾肥，从而增产增收。一般在莲座期到结球期喷施 0.3%～0.5% 磷酸二氢钾溶液，每隔 7～10 天喷一次，连喷 2～3 次，可明显增加大白菜净球重。

③ 喷施尿素　从莲座期开始，每隔 10 天喷施一次 0.2%～0.5% 尿素液，共喷 2～3 次，可增加产量。

④ 喷施赤霉素　包心期用 30～40 毫克/千克赤霉素溶液喷施 1～2 次，可促进包心，提高产量，增产 12%～20%。

⑤ 喷施叶面宝　莲座期和包心期分别喷施叶面宝，有增产效果。

4. 灌水　大白菜生长速度快，质地柔嫩，组织中 90% 是水分，叶面积大，蒸腾作用强，一生需要消耗大量水分。大白菜的主要根群分布较浅，90％左右分布在 0～30 厘米的浅土层中，很难大量利用土壤深层水分。因此，合理灌水是大白菜丰产的关键之一。大白菜必须根据不同生育期对水分的不同需求，结合天气情况，合理灌水。

（1）幼苗期　大白菜幼苗期根系不发达，吸水能力弱，需水量不大，但大白菜幼苗期正是最热的季节，除了降雨多的年份之外，灌水是必不可少的，但又不可灌水过多。大白菜灌水的原则是勤灌、轻灌。

大白菜种子播下以后，发芽很快，这时天气很热，土温很高，刚发芽的种子如果缺水很快就会死亡。这是造成出苗不齐的原因之一。所以在高温干旱的气候条件下，可采用三水齐苗的方法，即播种后立即灌一次水，隔一天再灌一次水，幼苗出齐时再灌一次水。这样灌水不仅能够避免"芽干"缺苗，还能降低土温，减少病毒病发病的机会。

幼苗出齐之后应该适当控制灌水，但不可使垄上缺水，一般是每次间苗后灌一次水，以后及时中耕，使土壤表层保持疏松，而下层潮湿有利于根群生长。如遇临时降雨，可酌情减少灌水次数。苗期需注意合理灌水，切忌大水漫灌，同时注意提防灌水后突然降雨，造成内涝，所以要注意排涝。

（2）莲座期　大白菜定苗时已进入莲座期，为了获得优质植株、促进高产，莲座期要进行蹲苗，蹲苗前要灌一次透水。如果灌水后苗小细弱，也应缩短蹲苗期。一般在土壤水分含量为 16％～18％时结束蹲苗。也可观看菜苗，根据外叶暂时萎蔫和心叶生长情况掌握蹲苗时间，如大白菜的外叶从上午 10 时左右开始萎蔫，到下午 3～4 时仍不能恢复时，就该结束蹲苗，开始浇水。每天清早查看菜苗，如发现心叶黑绿和生长缓慢，就该结束蹲苗，及时灌水。

（3）结球期　此期是大白菜叶球增长量最大的时期，水分是否充足对大白菜的产量影响极大。如果缺水，不仅包心慢而且不紧实，同时也易发生"干烧心"现象。因此，此期应勤灌、浅灌。结球前期应每隔 7～8 天灌一次水，但忌大水漫灌，以防软腐病蔓延。结球中期要保持土壤湿润、表土不干，每隔 5～7 天灌水一次。收获前 7～10 天停止灌水。

5. 收获　早熟大白菜主要是供应国庆节的市场，收获后直接上市，一般在 9 月下旬就陆续出售。早熟大白菜虽然产量不高，但产值高。中晚熟大白菜应在充分包心之后收获，吉林省的收获时间一般在 10 月中旬。掌握好大白菜的收获期是很重要的，收获太早，结球不紧不利于贮藏；收获太晚，一旦突然降温就会遭受冻害。大白菜应该采取有计划、排开收获的方法，结球紧实的和收获后立即上市的应该先砍收；结球稍差的和收获后窖藏的应该后砍收。大白菜时，要密切注意天气预报，要做到既不过早砍收而降低产量，也不砍收过晚而受冻害。

第二节　春季大白菜栽培技术

春季大白菜栽培除原有的露地直播和育苗栽培外，又有地膜覆盖栽培、小拱棚栽培、塑料大棚栽培和日光温室栽培等多种方式。商品菜从 3 月下旬供应到 7 月下旬，不仅增加了农民收入，而且为增加蔬菜花色品种，调节市场供应起到了积极的作用，实现了大白菜的周年供应。

一、大白菜春季栽培的温度条件

大白菜是春化作物，在种子萌动和幼苗期处于低温条件下，可使植株通过春化阶段，提前进入生殖生长时期，引起抽薹开花。春季栽培大白菜历经春夏之交，日平均温度为 10℃～22℃ 的季节很短，而且气候先冷后热，早期低温易使大白菜通过春化，后期遇到长日照，大白菜容易抽薹而不易结球，结球期的高温使大白菜容易腐烂。春种大白菜极易感受低温引起抽薹，这是春季大白菜栽培的关键。

二、品种选择

为了避免或减少春种白菜的抽薹，宜选用生育期短、耐寒、冬性强、耐低温弱光、不易抽薹的早熟品种。应用较好的品种有春夏王、四季王、鲁春白 1 号等。此外还有强势、探春、迎春、春秋王等。

三、茬口安排

春季大白菜栽培尚未有明显的茬口安排，其播种期、采收期取决于设施条件和前茬作物的采收期。根据目前的栽培情况，茬口安排从 12 月下旬一直排开到翌年的 3 月下旬（表 3—2）。

表 3—2　长春地区结球白菜不同栽培方式和播种适期

栽培方式	播种期	定植期	上市期	苗龄期
温室	12 月下旬至 1 月初	2 月上旬	4 月上中旬	45～50 天
大棚	1 月下旬至 2 月下旬	3 月中下旬	5 月中下旬	40～45 天
拱棚	2 月下旬	4 月上中旬	6 月上旬	40～45 天
露地	3 月中下旬	4 月下旬至 5 月上旬	6 月中旬	35～40 天

四、种子处理

播种前对种子进行处理是保证苗齐、苗壮很重要的环节。

1. 晾晒　首先把种子放在阳光下晾晒消毒，然后放入 50℃ 的水中搅拌，待温度降至 35℃ 时，加入浓度为 5 毫克/千克的 ABT 生根粉溶液，浸泡到略见种子吸水膨胀，取出用湿布包好，放置在 20℃～25℃ 条件下催芽。当种子有 50% 种子露白时即可播种。

2. 浸种　播种前将种子用 8℃～12℃ 的冷水浸泡 20～30 分钟，可打破休眠，促进快速出苗。

五、栽培方式

1. 露地直播　春季在露地直播，行株距为 60 厘米×（30～40）厘米。播种期较为严格，如果播种早，那么因低温时间长，植株通过春化阶段就早，抽薹率高。晚播抽薹虽少，但遇上7月高温，不利叶球形成，又因多雨，软腐病发生严重，造成减产。吉林省长春市露地春季大白菜播种以4月下旬为宜。

2. 育苗移栽　为了避免直播白菜受低温影响而抽薹，又为了使其能提前收获，宜采取育苗移栽的方式。一般播种于温室或加盖草苫的小拱棚内，可用草炭和蛭石作为育苗基质，其组成的比例是：草炭60％、蛭石40％，每立方米基质加入三元复合肥2千克，或将50％过筛腐熟鸡粪、2％三元复合肥、20％草木灰、28％过筛壤土过筛，混匀。育苗时先将混匀的基质装入72孔的穴盘孔内，一边装一边摇动，装好后将高出穴盘表面的基质去掉。播时先用手指或其他工具在穴孔内的基质上按一个深1厘米左右的小洞，然后将一粒种子播入，再用蛭石覆盖在上面，最后把穴盘上面多余的蛭石扫掉，将其与穴盘表面持平。最后喷水，喷匀、喷透。幼苗长出1～2片叶时移植一次，5月上旬定植于露地。吉林省长春市育苗播种期为3月中下旬。

春种大白菜大多在中远郊以垄作为主，茬口以马铃薯、大葱、小麦、大豆较好，每667平方米施农家肥2000～3000千克做基肥，条施于垄沟，然后用犁破旧垄、合新垄，播种或定植时再施10～15千克尿素作种肥。

定植期应在气温稳定在10℃～15℃时，基本与露地播种的时间相同，否则大白菜幼苗受低温的影响亦会抽薹开花。定植的幼苗以5～7片叶为宜，行距60～70厘米、株距35～40厘米。栽苗时要浅栽，浇透水，避免春旱和土温低的影响，促使早发根、早缓苗。

3. 地膜覆盖栽培　为了提高早春的地温和保墒，有利春季大白菜早熟，应采取地膜覆盖栽培。其形式有：

（1）垄作覆盖　此形式是起垄后，将地膜直接覆盖在单垄或双垄上，可用机械作业，覆盖的质量好，省工省膜，适宜大面积生产。

（2）平畦覆盖　主要用于畦作白菜，覆盖地膜的两侧，在畦埂上压土，优点是保墒好，便于施肥灌水；缺点是畦面地膜易积尘土，透光性差。

（3）改良高畦覆盖　在普通的畦面上开两条小沟，白菜苗栽在沟内，再覆盖地膜，既能提高地温，又能增加沟内空间的气温，有利于幼苗生长。

4. 塑料薄膜小拱棚栽培　3月上中旬在温室播种育苗，4月中下旬定植于60厘米宽的垄上，株距30～40厘米。定植后及时插入拱架，每栋小拱棚覆盖3垄，用3米长的竹片隔1米插1根即成拱架，纵向用3米宽的农膜覆盖在拱架上，两侧用土压实防风刮开。春季利用小拱棚栽培大白菜时，要防止棚内温度过高烤苗，温度以20℃～22℃为宜，超过时要放风。一般定植后40～45天即可收获。

5. 塑料大棚栽培　大白菜2月上中旬在温室播种育苗，1～2片真叶时移植一次；3月上中旬，幼苗长出5～6片真叶时定植于大棚内，行株距为60厘米×（30～40）厘米。棚内白天气温保持在20℃～25℃，温度超过时应及时放风降温，5月上中旬即可收获。如果大棚内再用一层旧薄膜覆盖（双层覆盖棚），那么保温性能更好，大白菜定植期还可提前20～25天。

大白菜春季栽培要合理密植，每667平方米保苗4000～5000株。

六、苗期管理

苗期对温度要求严格，一般从播种到出苗，白天温度应保持在25℃～28℃，夜间温度保持在20℃左右；幼苗出土后白天温度可降低至20℃左右，夜间温度保持在12℃～15℃。在幼苗出土前基质含水量要求为100％，出土后，可降至80％。当幼苗长出3～4叶片时，基质含水量可为65％～70％。在4～5叶片时定植，定植前5天要进行炼苗。

七、定植

结合深翻土地，每667平方米施有机肥4000千克、过磷酸钙

40千克，整地后起高10厘米、宽80厘米的垄，垄沟宽40厘米。在垄中间开一条宽10厘米、深10厘米的小沟（或用滴灌管），然后盖地膜。这样水从小沟直接进入地膜下，可大大节约用水。每垄错位定植两行，株距35厘米、行距60厘米，每667平方米定植3000株。定植后浇透水。由于定植时已施足底肥，生长期一般不需要多次追肥，一般可在包心前5～6天，每667平方米追尿素20千克、草木灰50千克和硫酸钾10～15千克，然后浇透水。在团棵期、包心前期浇一次透水，其他生长育期无需浇水，但如果旱情严重，须及时浇水降低地温。

八、田间管理

春白菜播种出苗后或定植成活时，要及时中耕松土，以利提高土温和保墒，促使根系发展。在幼苗期、莲座期铲2～3次，垄作栽培铲后还要蹚地培土。幼苗期应追施粪稀。团棵以后追施硝酸铵，每667平方米追施15千克。结球开始，每667平方米追施尿素20千克。结球中期每667平方米追施尿素12千克。幼苗期温度低一般不浇水，必须浇水时也要少浇，以免降低土温。从莲座期开始，气温升高，地面蒸发和叶面蒸腾量都大，应加大浇水量，促进营养生长。结球期以保持地表湿润为宜。

在保护地生产中，在结球期采取束叶的方式，可以提高通风透光的效果，还可提高地温、降低湿度、加速叶球形成速度，同时通过环境条件的改善，能减少病害发生。

九、收获

春季大白菜上市后应立即食用，不宜贮存和加工，所以必须净菜上市，不能带根和外叶。当大白菜结球基本紧实时，用手从顶部向下按，有紧实感时表明已生长成熟，即可采收。日光温室大白菜在3月下旬采收，小拱棚大白菜在6月上旬采收。采收时，先除掉外部老叶，再用刀砍下。按销售标准分级后即可出售。

第三节 夏季大白菜栽培技术

一、栽培季节和茬口安排

夏季大白菜在6~7月播种，8~9月收获，经济效益很好。但由于夏季高温高湿，病虫害发生严重，所以栽培条件要求较严格。

宜选择前茬为西瓜、番茄、黄瓜、豆角、蒜、韭菜的地块。不宜在其他菜地种植，避免传播病虫害。若是小麦茬地，要以底肥为主，每667平方米施优质腐熟厩肥4000~5000千克、饼肥100~150千克、磷酸二铵15~20千克、钾肥10~15千克。

二、巧选优良品种

应选择抗热、早熟、抗病、耐湿品种，如豫园50、夏阳50、小杂50、豫早1号、抗热45号等品种。其中抗热45号，生长期短，60天收获，结球紧实，品质良好，每667平方米产4000千克左右，抗病毒病，耐霜霉病，较抗软腐病，在35℃左右条件下仍能正常结球，适合早春保护地和夏季栽培，是大白菜反季节生产的理想品种。

三、适宜播期

夏季的适宜播期为6月初至7月底。播种方法：6月1日以后直播，之前可用营养土块（钵）育苗，小苗移栽。直播时为节省种子，以穴播为好。每667平方米用种50~100克，播后覆盖0.5厘米厚细土，并搂平压实，株距33~37厘米、行距40厘米，每667平方米种植4500~5000株。

四、精细整地，高垄直播，合理密植

前茬作物收获后，清除杂草、残株，每667平方米施腐熟有机肥3000~5000千克、三元复合肥75千克，并混施20千克过磷酸钙、10千克硫酸锌，深翻细耙，做到土地平整。为利于排水，须采用高垄或高畦栽培，起10~20厘米的高垄，垄距40厘米，畦宽80厘米。为了防治病虫害，每667平方米用0.75千克甲基托布津加 10 千克细土，垅下施药。每 667 平方米种 3000～5000 株，行距40～50 厘米、株距33～43 厘米。开浅穴，点水下渗后播种，盖 0.5 厘米厚的碎土。播种后到定苗前撒毒谷 2～3 次，防治地下害虫。

五、田间管理

在 3～4 片叶时进行第一次间苗，在 5～6 片叶时定苗。间苗、定苗时，应避免伤根，以防根软腐病发生，每 667 平方米保苗 4500 株。

六、沟渠配套，小水勤灌，及时排涝

要求沟渠配套，排灌方便，小水勤灌，见干见湿，以降低地温。遇高温天气，中午可叶面喷水。夏季雨水多，严防田间积水。

七、合理追肥，一促到底

抗热大白菜生育期短，管理上要以促为主，不蹲苗。在莲座期和包心期追施两次速效性肥料，每 667 平方米施磷酸二铵 15 千克或尿素 10 千克，或随水施入人粪尿 1000 千克。

夏季温度高，土壤水分蒸发快，应始终保持土壤湿润，严防土壤干湿不均。在高温、干旱天气，应加大浇水量。降雨时或雨后应及时排水，以防田间积水，造成烂根。夏白菜包心前 10～15 天浇一次透水，中耕蹲苗。在浇蹲苗水后，再追一次壮心肥，结球期要注意保持土壤水分，地表发白要及时浇水，结合浇水每 667 平方米施尿素 10 千克或硫酸铵 15 千克，以穴施或沟施为主，施肥点应远离植株，以免烧伤根系。收获前 5～7 天停止浇水，这是夏白菜丰收的关键。为保温除草，定苗后在菜田用麦秸或稻草覆盖。

八、适时收获

结球紧实后，应及时收获，避免因高温高湿造成腐烂。

第四节　无公害大白菜栽培技术

一、生产条件

1. 环境条件要求　见表3—3。

表3—3　无公害农产品产地景观环境指标

项目	指标（米）
高速公路、国道≥	900
地方主干道≥	500
医院、生活污染源≥	2000
工矿企业≥	1000

2. 地下水源灌溉　取水层深度大于50米。

3. 环境质量　符合无公害农产品产地环境质量标准的要求。

4. 危险物管理　有毒和有害的农药、除草剂、调节剂、激素等危险物应有严格管理规定，不应在田间存放。

5. 无公害栽培措施　无公害栽培标准的产量指标为每667平方米5000～6000千克。

二、选择优良品种

要求品种具有丰产、抗病、耐贮藏的特性，优质的早、中、晚熟品种均可。如牡丹江1号、牡丹江2号、牡丹江3号、改良龙协白6号等品种。

三、适时播种

1. 播种前准备　选择前茬没种过十字花科蔬菜的地块，地势平坦、排灌方便、土壤耕层深厚、土壤结构适宜、理化性状良好，以壤土为宜。

2. 播种　多采用直播，每667平方米用种量为250克左右。穴距35～40厘米，垄距70厘米。

四、田间管理

1. 间苗、定苗　一般间苗 2～3 次，幼苗 5～6 片叶时定苗，如果缺苗应及时补栽。

2. 中耕除草　间苗后及时中耕除草，封垄前铲镗 2 次。

3. 合理浇水　定苗前根据情况浇 2～3 次水，保持齐苗、壮苗。定苗后浇一次水，促进缓苗。莲座期浇水促进发棵。包心初期和中期结合追肥浇水，后期适当控水促进包心。

4. 施肥　按照有机与无机相结合，基肥与追肥相结合的原则进行平衡施肥。每 667 平方米施入腐熟有机肥 2500～3000 千克和复合肥 30～40 千克作为基肥，追肥以速效施肥为主。定苗后追一次腐熟粪水或尿素 10～15 千克。莲座期追一次浓的肥水或尿素 20 千克，配施硫酸钾 10 千克。结球初期和中期各追一次肥水，配施 5 千克硫酸钾，中后期还可喷 1％的磷酸二氢钾，进行叶面追肥。收获前 20 天内不应使用速效氮肥。

五、病虫害防治

以防为主，综合防治，首选农业防治、物理防治、生物防治，配合科学合理的化学防治，达到生产优质无公害大白菜的目的。

1. 农业防治　选用抗（耐）病的优良品种，实行轮作，避免重茬和迎茬，加强中耕除草，播种前进行种子处理。可用 50％福美双可湿性粉剂，或 25％瑞毒霉可湿性粉剂，或专用种良剂拌种。

2. 生物防治　保护天敌，创造有利于天敌生存的环境条件，选择对天敌杀伤力低的农药。投放天敌，如捕食螨、食蚜蝇、寄生蜂等。

3. 物理防治　采用银灰色膜避蚜或黄板诱蚜，利用小菜蛾、斜纹夜蛾性诱剂诱杀成虫。

4. 药剂防治

（1）虫害　防治蚜虫、小菜蛾、菜青虫、斜纹夜蛾等采用苏云金杆菌制剂、5%抑太保乳油（最多用2次），莲座期前期也可用50%辛硫磷，但最多用2次，喷雾进行防治。

（2）病害

①病毒病　喷20%病毒A可湿性粉剂600倍液进行防治。

②霜霉病　用25%甲霜灵、72%克露可湿性粉剂、64%杀毒矾可湿性粉剂进行防治，但最多可用3次。

③软腐病　用72%农用链霉素或新植霉素进行防治，最多用3次。

④黑斑病　用70%代森锰锌可湿性粉剂、50%扑海因可湿性粉剂进行防治，最多用2次。

六、收获

大白菜在10℃以下生长缓慢，5℃以下生长停顿，短时间的0℃～2℃受冻尚可恢复，长时间-5℃～-4℃受冻后则不能恢复，应在受冻温度来临前及时收获。

第五节　大白菜套种栽培

一、春玉米套种大白菜

一般每667平方米产春玉米600～650千克、春大白菜5000千克，一季每667平方米收入5000元以上。该模式的优点：一是利用生育期长短结合，提高单位面积效益；二是对环境条件的要求相辅相成，提高玉米单株产量，又有利于减少大白菜病毒病的发生。

（一）品种选择与茬口安排

玉米选择适宜稀植的大穗型品种，如豫玉22、苏玉糯1号等，大白菜选用耐低温、抗病、生育期短的早熟品种，如春大将、春夏王等。3月中旬等行播种玉米，播后覆盖地膜，玉米行距1.1米，株距0.22米，每667平方米栽培密度为2800株。大白菜于3月中旬采用拱棚营养钵或营养袋育苗，苗龄30天左右移栽，定植后浇一次水，随后覆盖地膜，4月20日左右在玉米行间移栽 2 行大白菜，行距 0.5 米、株距 0.4 米，每 667 平方米定植 3050 株，6 月下旬收获上市。

（二）栽培技术

1. 肥水运筹 以土层深厚，肥力较高，富含有机质的沙壤土较为适宜。每 667 平方米施优质农家肥 2000 千克、三元复合肥 50 千克。玉米拔节期每 667 平方米施尿素 15 千克。大喇叭口期每 667 平方米追施尿素 25 千克，追肥后天气干旱及时灌水。大白菜莲座期和包心期追肥 2 次，每次每 667 平方米施尿素 15 千克，结合施肥适当加大浇水量。

2. 防病治虫 为害春大白菜的病虫害主要有蚜虫、菜青虫、霜霉病、软腐病、炭疽病等，对虫类可用抑太保、菊酯类农药喷雾防治，对病害类可用瑞毒霉、甲基托布津等喷雾防治。

二、地膜玉米套种秋大白菜

在吉林省东南边陲、长白山西北麓、松花江上游、白山市东北部的高寒山区，采用地膜玉米和秋大白菜复种栽培模式，提高了耕地复种指数，取得了明显的经济效益，该项技术为高寒山区城镇郊区农民增收致富提供了有效途径。

1. 玉米种植 4 月下旬玉米浸种催芽，5 月 1 日播种，采用等距扎眼播种，株距 30 厘米，每畦双行株间错埯种植，每 667 平方米保苗 4000 株，先播种后覆膜，地膜要拉紧盖严。玉米出苗后及时引苗，并用土将埯封好，以防杂草随眼钻出。同时，要深入田间及早掰掉玉米植株的分蘖。根据玉米果穗成熟情况和市场需求，及时选择能食用的玉米青穗收获，提早上市，最晚在 7 月 25 日前收割完。收割青穗玉米时，注意不要损坏地膜。

2. 秋大白菜种植 青穗玉米收割后，及时播种秋大白菜。播种方法：在相邻玉米茬之间扎孔播种，埯深 2～3 厘米，点播 5～6 粒种子，后覆细土。大白菜出苗后，要及时将伸入地膜下的苗引出，以防高温烧苗。为防止幼苗拥挤徒长，要及时间苗，分别在拉十字期、具 2～3 片真叶和具 5～6 片真叶时进行，间除丛生、过密、病、弱、残苗。当幼苗达到团棵时，进行定苗。定苗后，每667平方米追施撒可富10千克和尿素10千克，在离大白菜植株10厘米处，扎孔5厘米深追施。在10月中下旬气温低于-2℃的寒潮来临之前，及时收获。

三、日光温室五种五收模式

于10月10日左右，在日光温室的地面做成1个畦，然后撒播生菜种子，20多天后把生菜苗移入3厘米×3厘米的营养方里。翌年1月10日将苗定植在1米宽的畦里，栽4行，每畦栽130株，共栽4000株。为了抢早上市，在日光温室里距顶20厘米处拉一层天幕，定梢后按畦扣小拱棚。3月初生菜开始上市。

在元旦前后，在第一茬生菜生长的同时，在上面搭铺育第二茬生菜苗和番茄苗，同样用营养方育苗。在第一茬生菜上市后，重新整平土地，铺一层有机肥，做成1米宽的畦，在3月10日定植第二茬生菜。在畦一侧定植2行生菜，另一侧在3月20日定植番茄。第二茬生菜在5月1日开始上市。

番茄品种为早熟自封顶型，果实粉红色，个头较大、品质好，共栽植1500株。

于6月中旬露地育大白菜苗，在7月上旬番茄未拉秧之前将大白菜苗定植在两株之间，拉秧后拔掉番茄，定植1200株大白菜，8月末开始上市。

在大白菜上市后，9月初再重新整地作畦，抢种一茬秋菠菜。菠菜在11月上旬开始上市，产量为500多千克。

第六节　大白菜采种方法和制种技术

一、常规品种的采种技术

常规品种的采种方法一般可分为大母株采种法、小母株采种法和春化采种法3种。

（一）大母株采种法

这种方法分两年进行，第一年秋季播种，秋后选留大白菜母株，经窖贮越冬，第二年春天将母株栽到采种田采收种子。优点是能充分表现出品种的特征和特性，可以严格选择，适于生产原种。缺点是占地时间长，费工，成本高。

1. 选留母株　为了保持和提高大白菜的优良种性，应严格掌握选留标准，对采种母株进行 3 次选择。

（1）田间选　大白菜砍收前，在田间选择具有本品种特征和特性、生长健壮、生长适中、无病虫害、无腋芽的植株。要做好标记，以免与商品菜混淆。收获时采种母株比商品大白菜要早收 3～4 天，入窖时单放，勿与窖贮的商品菜混淆。

（2）窖内选　在窖贮时要对采种母株加强管理，控制好温度和湿度，使母株不伤热、不受冻，在倒菜过程中要随时淘汰有病和腐烂的母株。如果是耐贮藏的品种，还要淘汰发白的、不耐贮藏的菜棵。

（3）出窖选　第二年春天采种母株出窖时，对采种母株进行一次严格选择，腐烂、有病、根部变坏、不能萌发新根的母株都应淘汰。

2. 切菜头　采种母株并不是整株菜栽在地里。整株栽不仅浪费可食的叶球部分，还会因为叶球包心包得紧，使得花薹不易抽出，所以在采种母株出窖定植以前，要先把叶球削去，但不可使茎尖受伤。一般在定植前 20～30 天（即 2 月中下旬）切削菜头。切菜头过早，定植后易受冻；切得过晚，叶球内花薹已经开始伸长，容易将主花茎切伤，影响采种量。

切菜头的方法有 3 种：即三刀切、一刀切和环切法，要根据实际情况灵活选择。

（1）三刀切　在大白菜基部，即短缩茎上 6～8 厘米处，围绕菜头向上斜切三刀，使菜头呈三角形或锥形，要一刀切到底，避免伤口重复和伤顶芽。切完后在刀口上撒一些草木灰，避免刀口腐烂。这种方法的优点是不易损伤顶芽口。

（2）一刀切　在距母株短缩茎8～10厘米处横切一刀，使母株成为一面平。这种方法对顶芽已萌动的母株来说，容易损伤顶芽，所以留茬应适当高些。

（3）环切法　在距母株短缩茎6～7厘米处，沿叶球周围用刀环切，保留菜心不切。这种方法虽然费事，但在母株顶芽已经萌动时，却不易损伤顶芽。缺点是抽薹要稍晚些。

3. 选地施肥　大白菜应选择向阳避风、土质肥沃、有灌溉条件的地块作为采种田，冬前要深耕，春天再耙一遍。还要注意不与十字花科蔬菜重茬或迎茬。每667平方米采种田地施混合肥2700～4700千克、过磷酸钙13千克左右和适量草木灰，同时要与芜菁、油菜、雪里蕻、小白菜及大白菜其他品种的采种田有1000米以上的隔离区，防止串粉杂交。

4. 定植种株　早春土壤10厘米深的土温达到5℃以上时，可以定植母株。

母株定植行距60厘米、株距30～40厘米，通常栽在垄沟内，注意不要过深，栽后踩实，使"葫芦头"露在地面。一般不用浇水，如天气干旱可浇埯水，水量不宜过大，防止降低土温。起垄后为防冻害，可在"葫芦头"以上的地上部分撒盖一薄层腐熟马粪，然后再浅覆土。天气转暖时立即除去马粪、盖土和干枯落叶。

5. 田间管理　采种母株定植后，因天冷、地温低而发根较慢，花薹却因为白天气温较高而抽生较快，这样就会出现地下部分和地上部分生长不平衡，花薹生长速度超过根系生长速度，造成种株生长衰弱不发棵、种子产量低、质量差。所以定植后的管理工作，首先要促使地上部分和地下部分平衡生长，主要是促使根部生长。具体办法是少浇水，多中耕，提高地温，促进发根。

母株抽薹后要及时浇水和中耕，开花初期和盛期应充分供给水分。如果连日无雨，可每周灌水一次，连续灌水2～3次。盛花期后，大部分果荚已生长充实，可停止灌水，以防贪青晚熟。这种浇水方法称为"浇花不浇籽"，结合浇水还要追肥，在抽薹期、开花盛期和果荚膨大期都应适量追肥。

在整个采种期间，要及时防治病虫害。为预防病害发生，应在窖内严格挑选种株，淘汰病株；采种地应避免连作；田间如发现病株须及时拔除。另外，还可采用适量药剂防治。

6. 掐尖 大白菜花是自下而上开放的，花薹的主茎上又生出分枝继续开花，枝条先端的花因为开得太晚而不能结荚，或结荚也不能成熟。为了避免浪费养分，应当掐尖。即把花枝顶端掐去，使养分集中供应先开的花和生长良好的果荚。掐尖的种株结籽饱满，产量高，质量好。掐尖要掌握好时机，掐得太晚作用不大；掐得太早，不但结荚太少还会长出新的侧枝，仍然浪费养分。具体做法是：如采种田面积小可用手掐，大面积采种田应当两人拉紧细绳顺垄平行走过，即可将顶端花打落。拉绳时要注意高度，以顶端花高为准，不要伤害中下部花。

7. 收获 当果荚大部分变黄，下部果荚中的种子已开始变色时即可收获。切不可等到果荚全部变黄再收，否则种荚就会干裂而造成种子散落。收获时，用刀割或整株拔除均可。

收完后将种株放到阳光充足、干燥、通风的平地上晾晒 2～3 天，边晾晒边脱粒。待种子晒干，装袋并标记好种子名称、采种时间，然后存放在阴凉干燥处等待播种时用。

(二) 小母株采种法

小母株采种法与大母株采种法基本相同，只是播种期比大白菜正常播种期要晚 10 天左右，行株距小些，收获时只达到"小半棵菜"大小，故称小母株。由于母株小不能充分表现出品种的特征，无法进行严格的选择，后代也容易退化。因此这种方法只适合一次性繁殖用种，不宜连续繁殖种子。这种采种方法既不具有大母株采种可以选择种株的特点，又不具有春化采种法不用培育采种母株和贮藏的优点，因此生产上应用较少。

（三）春化采种法

大白菜是二年生蔬菜，当年不能开花结籽，要想当年结籽，就需要将萌动的种子或幼苗经过 20～30 天的 10℃ 以下低温处理，使之通过春化阶段，当年便可开花、结籽，故称春化采种法。春化采种法可分种子春化和苗期春化两种。

1. 种子春化法

（1）春化处理　种子春化的具体做法是：播种前 20～30 天，将种子从库里取出，先放置在室温下 1～2 天，然后将种子放入始温为 50℃ 的温水中浸泡 3～4 小时。将种子捞出，将水滤净，上面盖好湿润的纱布以便保持湿度，并在 20℃～25℃ 条件下催芽，当有 60%～70% 的种子拱嘴时，温度降至 5℃～6℃，即可放入菜窖或其他适宜的地方。此时必须将温度控制在 0℃～2℃，湿度控制在 80% 左右，并要适当翻动种子。如果发现种子干燥，就要及时覆盖浸湿的纱布和适量浇水。如果温度高，则可在盛种子的盆周围加些雪水或冰块。

（2）育苗

① 播种　在播种前 10 天左右，温室用硫黄粉熏蒸消毒，每立方米空间用硫黄 2～4 克加锯末 4.5 克拌匀后，分放三处点燃密闭熏烟 1 夜。土壤消毒用 75% 五氯硝基苯可湿性粉剂和 65% 代森锌可湿性粉剂每立方米各 4 克，配细土 18 千克拌匀，播种时下铺 1/3，上盖 2/3。

播种床上要用肥沃的田土，禁用重茬地或迎茬地的田土。播种前要提高温度，保证播种时地温不低于 10℃，室温不低于 15℃～20℃，并浇透水，深度为 6 厘米左右。地温不足 5℃ 时，要浇温水提高地温。

一般在 2 月下旬播种，播种时先在种子里掺入少量细沙，然后均匀撒播。覆土厚 1 厘米左右。

② 温湿度管理　播种后，室温白天不低于 20℃，夜间温度保持在 10℃～15℃。出苗后降低温度炼苗，白天 18℃，夜间 5℃

左右，以补充种子春化温度处理的不足。阴天温度不要过高，白天15℃左右，夜间5℃～6℃。床土不干不浇水，浇水应看天、看床土、看苗长相而定，移植时应浇透水。

③ 移植　第一次移植在播种后1个月左右，幼苗具2～3片真叶时进行。移植时选无病壮苗，大小苗分开栽。第二次移植在第一次移植缓苗后18天左右，将苗移到温床，移植前进行大通风炼苗。

④ 苗期管理　移植后，白天室温保持在22℃～25℃，夜间温度保持在10℃～15℃。缓苗后逐渐降温，白天保持20℃左右、夜间6℃～10℃。要看天、看苗、看土方干湿适当浇水和通风。定植前10天通风炼苗，不要带花薹下地。苗期叶面追肥促进发棵效果显著，在3～4片叶时第一次喷复合肥600倍液，每隔7～10天喷一次，定植前共喷3～4次。

（3）田间管理

① 整地　首先选择肥水条件较好，与小白菜、油菜、芥菜、雪里蕻及其他白菜品种栽培田之间距离1000米以上的地块作采种田。及时整地翻地，起垄后镇压，在整地的同时每667平方米施腐熟农家肥4000千克左右、磷酸二铵20千克、硫酸钾10千克。

② 定植时间　根据当地气候条件而定，吉林省一般在4月中旬左右。

③ 定植方法　垄上开沟或刨坑栽苗，行株距为60厘米×35厘米。定植前苗床要浇透水，不要干土方下地。定植时深浅要适宜，根周围培实土，然后灌水，防止大水漫灌。缺苗时及时补苗。始花期每667平方米追施硝酸铵30千克左右。

④ 灌水　定植后要及时灌水，缓苗后到盛花期见旱就灌，保持土壤湿润，结荚后期停止灌水，以防贪青晚熟。

⑤ 防治虫害　定植后防治地下害虫，结荚后期防治菜青虫、甘蓝夜盗、黏虫、小菜蛾和蚜虫等。

⑥ 适时收获　吉林省一般在 6 月末至 7 月初种子成熟，要做到既丰产又丰收，应熟一块收一块，边收边脱粒，防止遇雨种子发芽、发霉。

2. 幼苗春化法　温室与冷床联合育苗，2 月上中旬开始播种。播后出苗前，土温要保持在 10℃～15℃，气温保持在 18℃～20℃，夜间温度控制在 5℃～8℃。出苗后要及时通风，防止幼苗徒长。当幼苗长出 4～5 片真叶时，可移入冷床。营养土方为 5 厘米×5 厘米，移苗后浇透水，缓苗后要尽早加大通风量，白天温度控制在 15℃以下，夜间温度最好不超过 10℃，为幼苗通过春化创造条件，使之尽快完成春化阶段。4 月中下旬即可定植于露地，行株距为 60 厘米×30 厘米，其他管理同种子春化法。

春化法育苗的主要优点是当年播种，当年收籽，当年可用于生产，周期短、见效快，而且栽培管理也比较简便，占地时间短，不需贮藏。缺点是不能进行选种，连续采用春化法采种容易使种性退化。

（四）大母株与春播育苗（春化）交替采种

生产上把大母株采种与春播育苗（春化）采种结合起来，进行交替采种。此法具备上述两种采种方法的优点，不仅保证了品种纯度，而且降低了成本、增加了效益，详见图 3—1 所示。

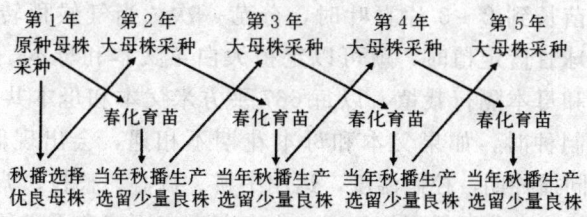

图 3—1　大白菜大母株与春播育苗（春化）交替采种示意图

二、1 代杂种的制种技术

大白菜杂种 1 代优势明显，表现为产量高、抗病性强、植株生长整齐一致等，在大白菜生产上广泛应用。获得 1 代杂种的主要方法，是利用自交不亲和系和雄性不育系生产1代杂种种子。

1. 利用自交不亲和系制种方法　雌花器和雄花器的形态和功能完全正常，但花期自交结实不良，这种现象称为"自交不亲和性"。自交不亲和性是能够遗传的性状，通过连续自交选择，育成系内株间花期相互授粉很少，甚至不能结籽的系统，称为"自交不亲和系"。

(1) 自交不亲和系的原种繁殖技术　大白菜自交不亲和系的原种繁殖采用大株繁殖法，第一年适期秋播，精选种株窖藏越冬，翌春栽植，花期通过人工蕾期授粉的方法获得原种。授粉的操作方法是，取当天或前一天开放花朵中的花粉，涂抹在同一株人工剥开的花蕾柱头上。花蕾最好为开花前2～4天的。蕾期授粉不可强力转动花蕾，以防扭伤花柄而影响结实。如果需要繁殖数份自交不亲和系原种，就要采用机械的办法把它们相互隔离开。采用喷食盐溶液的办法，可以克服大白菜的自交不亲和性，使之在花期授粉，从而提高结实力，达到繁殖原种的目的，省工省力。具体方法是，用2％～5％食盐水在开花期每隔1～3天喷洒一次。

(2) 1代杂种种子的生产　通过组合力的测定，选出优良的杂交组合，采用春播育苗采种法，将父本种子和母本种子按1：1的比例在早春阳畦育苗，每667平方米制种田用种量为20～30克，待幼苗长到2～3片真叶时，分苗一次。当气候稍转暖，当地早熟结球甘蓝定植时，就可以定植大白菜父本和母本。定植时采用父本和母本隔行栽植，以每667平方米父本和母本共栽5000株为宜。制种时，如果父本和母本花期不相遇，会出现假杂种，应采用不同播种期，控制温度，运用中耕、摘心、整枝、调节水肥等方法，使双亲花期尽可能相遇。大白菜自交不亲和系必须是异系花粉才能产生1代杂种种子。大白菜属虫媒花，如果制种田中没有一定数量可以传粉的昆虫，不但会影响杂种种子产量，还可能加大假杂种的比例。有条件的话，可在制种田周围放养蜜蜂。

2. 利用雄性不育系制种方法　两性花植物由于遗传原因造成

雄性功能丧失的现象，称为"雄性不育"。通过人工选择，育成的雄性不育性稳定而雌性功能完全正常的系统，称为"雄性不育系"。雄性不育分为雄蕊退化、花粉败育、功能不育三种类型。利用雄性不育系配制1代杂种时，只要将不育系（母本）和可育的父本种植在同一隔离区内，从不育系种株上采收的种子就全部为杂交种。生产上推广应用的大白菜雄性不育系多属核型雄性不育系，其不育株和可育株各占一半，用本株系内的可育株给不育株授粉，所得到的后代的育性又分离为1：1。因此，这种雄性不育系在繁殖原种时，不需要特定的保持系。生产1代杂种种子时，只要在初花期及时拔除系内可育株，就能起到完全不育系的效果。因此，称这种不育系为"雄性不育两用系"。

（1）雄性不育系的原种繁殖技术　大白菜雄性不育系的原种繁殖也采用大株采种法。当种株进入花期之后，在繁种田里挑选不育株，挂牌作标识，等种子成熟时，将挂牌植株上的种子单收，这些种子便是雄性不育系原种。繁殖雄性不育系原种时，注意严格选种，要每年检查育性分离情况，如果不育株比例已明显低于50%，就表明这个不育系已发生生物学混杂，应考虑替换原种。采收种子时，只能采收挂牌不育株上结的种子，切不可混入可育株上结的种子。

（2）1代杂种种子的生产　早春将父母本种子按1：7的比例，分别在阳畦育苗，每667平方米制种田用种量为25～50克。当幼苗长到2～3片真叶时分苗一次。如果可育株幼苗有标记性状，就可在苗床中将可育株拔净。本地早熟结球甘蓝定植的时间，为定植大白菜父本和母本的时间。定植时父本和母本行距相同，父本株距与行距相同，但母本株距与父本株距的比例为2：5，主要目的是为了在母本行中拔除50%可育株。可育株一次拔不净，可连续拔，拔净为止。种子成熟后，把母本行上的种子单收，所收的种子便是杂交种。

因为大白菜是异花授粉作物，又是虫媒花，因此，不管采取哪种采种技术，都应注意隔离。不同品种间必须注意隔离，与油菜、小白菜、菜薹等作物也易发生杂交现象。隔离距离应不小于2000米。

第四章　大白菜的病虫害防治

第一节　病虫害综合防治的原则和方法

蔬菜病虫害的防治，必须贯彻"预防为主，综合防治"的方针。大白菜在其生长发育过程中可能发生多种病虫害，严重影响产量和品质。据不完全统计，大白菜的主要病害和经常发生的虫害各有二十余种。病虫害已成为制约大白菜丰产稳产的重要因素。

一、农业栽培技术防治原则

（1）在蔬菜生产安排上，把大白菜生产纳入当地大农业生产的一部分，统一安排农田耕作和轮作计划。

（2）在每一茬大白菜的栽培过程中，选地、整畦、品种选择、茬口安排、种子消毒、播种育苗、定植、田间管理、产品采收和产品处理等各个农事环节，都必须认真做好，注意衔接。

二、农药使用原则

（1）熟悉病虫种类，了解农药性质，对症下药。蔬菜病虫等有害生物种类虽然多，但如果掌握它们的基本知识，正确辨别和区分有害生物的种类，根据不同对象选择适用的农药品种，就可以收到好的防治效果。

（2）正确掌握用药量。各种农药对防治对象的用药量都是经过试验后确定的，在生产中使用时不能随意增减。

（3）交替轮换用药，正确混配，以延缓病、虫抗性生成。同时，混配农药还有增效作用，兼治其他病虫，省工省药。

（4）选择适于不同生态环境下的农药剂型，如喷粉法工效比喷雾法高，不易受水源限制，但是必须在风力小于 1 米/秒时才可应用。同时，喷粉不耐雨水冲洗，一般喷粉后 24 小时内降雨则须补喷。塑料大棚内一般湿度都过大，应选用烟雾法的杀虫、杀菌剂。

（5）使用合适的施药器具，保证施药质量。用喷雾器或喷粉器将农药均匀地覆盖在目标上（蔬菜的病虫杂草），通过触杀、胃毒或熏蒸等作用取得防治效果。农药覆盖程度越高，效果越好。以喷雾法而言，雾滴越小，覆盖面越大，雾滴分布越均匀。一般以每平方厘米上有 20 个雾滴为好。生产上推出的小孔径喷片（孔径 0.7～1 毫米）和喷雾器比较适用。施药要求均匀周到，叶子正反面均要着药，尤其在防治蚜虫、红蜘蛛时应多喷叶背，不能丢行、漏株。

（6）加强病虫测报，经常查病查虫，选择有利时机进行防治。各种害虫的习性和为害期各有不同，其防治的适期也不完全一致。根据准确的虫情测报，抓紧时间、抢速度，力求在最适宜的时间内进行施药，最大限度地降低危害。

三、病虫害防治的药剂选用原则

（1）所有使用的农药都必须经过农业部农药检定所登记。严禁使用未取得登记和没有生产许可证的农药，以及无厂名、无药名、无说明的伪劣农药。

（2）禁止在大白菜上使用甲胺磷、水胺硫磷、杀虫脒、呋喃丹、氧化乐果、甲基 1605 等高毒、高残留农药。

（3）尽可能选用无毒、无残留或低毒、低残留的生物农药或生物制剂。

第二节 病害防治

一、病毒病

病毒病又名花叶病，俗称抽风病、孤丁病。

1. 症状 病毒病在白菜的各生长期均可发生，吉林省主要发生在 8 月中下旬。心叶受害时，表现为叶脉透明，沿叶脉无绿色，叶片皱缩不平。严重时叶背的叶脉上出现黑褐色坏死斑。植株明显矮化、畸形，叶柄变曲畸形，生长缓慢（图 4—1）。

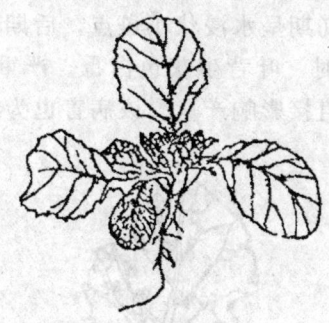

图 4—1 白菜病毒病

采种株发病后抽薹慢，扭曲畸形，种荚小，籽粒也不饱满，严重时不抽薹就死亡。

病毒病除为害白菜外，还为害油菜、小白菜、菜心。

2. 发病条件 此病是由病毒引起的传染性病害。病毒在种子或寄主上越冬，通过叶片的表皮或伤口侵入植物体，种子带菌可直接产生病株，可借助于蚜虫为害或汁液接触等形式传播。在气温 25℃以上，空气相对湿度低于 50％的条件下及有蚜虫为害时易发病。

3. 防治方法

（1）农业防治 选用抗病品种，适期播种和合理密植；加强田间管理，预防干旱；及时防治蚜虫，减少传毒介体。

（2）药剂防治　在大白菜发病初期喷施抗毒丰300倍液，或病毒1号乳油500倍液，或1.5％植病灵Ⅱ乳剂1000倍液，或83增抗剂100倍液，或20％病毒A可湿性粉剂500倍液，或菌毒清500倍液，每5～7天喷一次，连喷2～3次。

二、霜霉病

霜霉病又名火龙秧子、跑马干，除为害白菜外，还浸染小白菜、油菜、雪里蕻、萝卜等十字花科蔬菜。

1. 症状　白菜霜霉病主要为害叶片，常同白斑病混合发生。自下部叶片开始，初期呈水浸状小斑点，后期叶片变黄，有褐色多角形斑。湿度大时，叶背生灰色白霉。严重时病斑可连成片，使叶片早期枯死，直接影响产量。该病害也为害白菜采种的花和荚（图4—2）。

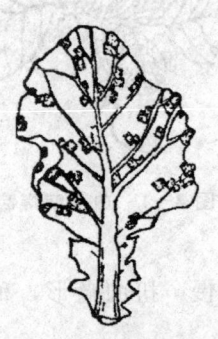

图4—2　白菜霜霉病

2. 发病条件　此病为真菌性病害。病菌在病残体或土壤中越冬，或附着在种子上，通过叶片的气孔侵入，如种子上带菌则直接产生病体，可借助风雨或育苗等传播。当气温为16℃～24℃，空气相对湿度为70％～80％时，植株最易发病。

3. 防治方法

（1）农业防治　实行菜田轮作；选用抗病品种；实行深翻垄

作，加强田间管理，预防高温和伤根；增施磷肥和钾肥，提高抗逆性。8月中旬出现中心病株时，立即采取防治措施。

（2）药剂防治　可用种子重量 0.3％的 25％甲霜灵或瑞毒霉可湿性粉剂拌种。发病初期，用 50％瑞毒霉锰锌可湿性粉剂 500 倍液喷雾，或 40％乙磷铝可湿性粉剂 300 倍液喷雾，或 70％代森锰锌可湿性粉剂 500 倍液喷雾，或 75％百菌清可湿性粉剂 600 倍液喷雾。也可喷施 64％杀毒矾可湿性粉剂 500 倍液，或 72.2％普力克水剂 600～800 倍液，或 72％克露可湿性粉剂 600～800 倍液，每隔 7～10 天喷一次，连喷 2～3 次，遇雨补喷。

三、软腐病

软腐病又名腐烂病、烂葫芦、烂疙瘩，除为害白菜外还浸染萝卜、甘蓝、芥菜、胡萝卜等蔬菜。

图 4—3　白菜软腐病

1. 症状　白菜软腐病为害叶片、叶柄和根茎。病株外叶的叶缘和叶柄呈褐色水浸状软腐，黏滑有臭味，干燥后呈薄纸状贴在叶球上。也有的外叶萎蔫平摊在地面上，使叶球外露呈脱帮状。根茎处组织腐烂，并有黑褐色黏稠物质，散发恶臭味（图4—3）。

2. 发病条件　此病为细菌性病害。细菌在病残体上越冬，通过叶片或根茎的伤口侵入植物体，借助雨水、灌溉、虫害和田间作业传播。当气温为 25℃～30℃、阴雨多湿时，植株易发病。

3. 防治方法

（1）农业防治　实行菜田轮作；深翻晒地，借助阳光杀菌或深埋细菌；选用抗病品种，调整播种期；推广垄作，合理密植；加强田间管理，预防高温高湿，雨后及时排水和中耕放湿。进行种子处理，用种子重量 0.4％的福美双可湿性粉剂或 50％琥胶肥酸铜可湿性粉剂拌种；也可用 45％代森铵水剂 400 倍液浸种。土壤消毒，及时防治害虫，如黄条跳甲、菜青虫、小菜蛾、甘蓝夜蛾等。要及时拔除病株，病穴用生石灰消毒。

（2）药剂防治　在软腐病发生的初期，彻底清除病株后喷洒下列药剂：72％农用链霉素可溶性粉剂 3000～4000 倍液，或新植霉素 4000 倍液，或 47％加瑞农可湿性粉剂 700～750 倍液，50％琥胶肥酸铜可湿性粉剂 700 倍液，或 50％多菌灵可湿性粉剂 500 倍液；或用抗菌剂"401" 500 克加水 250～300 升喷雾，每 7～10 天喷一次，连喷 2～3 次。

四、白斑病

1. 症状　白菜白斑病可为害叶片。病叶出现灰褐色圆斑，后期发展成灰绿斑。潮湿时生有灰霉；干燥时病斑易破裂穿孔，叶片干枯似火烤状。白斑病还可为害萝卜、芜菁和芥菜。

2. 发病条件　此病为真菌病害。病菌在病残体上或种子上越冬，通过叶片气孔侵入植物体。如果种子带菌，则直接产生病体，可借助风雨或播种传播。在气温为 10℃～23℃，空气相对湿度为 62％以上的低温阴雨天气易发病。

3. 防治方法

（1）农业防治　实行 3 年以上与非十字花科蔬菜轮作；选用抗病品种。

（2）药剂防治　进行种子消毒，用 75％百菌清可湿性粉剂，或 50％福美双可湿性粉剂，或 70％代森锰锌可湿性粉剂拌种，药量为种子重的 0.4％。发病初期可用 25％多菌灵可湿性粉剂 500 倍液，或 50％多霉灵可湿性粉剂 800 倍液，或 65％甲霜灵可湿性粉剂 1000 倍液，或 50％甲基硫菌灵可湿性粉剂 500 倍液，或 50％苯菌灵可湿性粉剂 1500 倍液，或 70％甲基托布津可湿性粉剂 800 倍液，或 70％代森锰锌可湿性粉剂 500 倍液喷雾，在田间发病初期，每 667 平方米喷药液 50～60 升，每隔 10 天左右喷一次，连喷 2～3 次。

五、黑斑病

白菜、萝卜、油菜、甘蓝等十字花科蔬菜均可感病。

1. **症状**　白菜黑斑病可为害叶片，病叶上出现圆形褪绿斑，逐渐变成有同心轮纹的黄褐斑，潮湿时有褐色霉层，干燥时病斑易穿孔，叶片由外向内干枯。

2. **发病条件**　此病为真菌病害。病菌在病残体或种子上越冬，通过叶片的表皮直接侵入植物体。种子带菌则直接产生病体，可借助风雨或播种传播。在气温为 12℃～20℃、空气相对湿度为 70％～90％时，植株易发病。

3. **防治方法**

（1）农业防治　实行轮作；选用抗病品种。

（2）药剂防治　进行种子消毒，可用种子重量 0.2％～0.3％的 50％扑海因、50％速克灵或 50％福美双可湿性粉剂拌种，或将种子放入 50℃温水中浸泡 20～30 分钟，捞出后立即移入冷水中冷却，晾干后播种。

防治大白菜黑斑病不是越早越好，应在流行之初进行防治。可用 50％福美双可湿性粉剂 500 倍液，或 50％速克灵可湿性粉剂 1000 倍液，或 70％代森锰锌可湿性粉剂 400 倍液，或 50％多菌灵可湿性粉剂 1000 倍液，或 50％托布津可湿性粉剂 500 倍液喷雾，发病时每隔 7 天喷一次，连喷 3～5 次。

六、炭疽病

炭疽病还可为害萝卜、芥菜、甘蓝、油菜等蔬菜。

1. **症状**　在白菜生产田和春季采种株上均可发生，主要在叶中肋和叶柄及采种株的茎秆上出现病斑，而且以中肋背面为多。

病斑呈纺锤形或菱形，浅褐色或灰褐色，凹陷。

2. 发病条件　此病为真菌病害。病菌在病残体或种子上越冬，可通过叶片的表皮或气孔侵入植物体。如果种子带菌，则直接产生病体，借助风雨或育苗进行传播。在气温为 26℃～30℃、空气相对湿度在 80％以上的高温高湿条件下易发病。

3. 防治方法

（1）农业防治　实行 3 年以上菜田轮作；选用抗病品种；推广垄作，加强田间管理，预防高温高湿。

（2）药剂防治　进行种子消毒，用 50％多菌灵可湿性粉剂，按种子重量的 0.4％搅拌均匀后立即播种；发病初期及时喷药防治，可用 25％炭特灵可湿性粉剂 500 倍液，或 70％甲基硫菌灵可湿性粉剂 500～600 倍液，或 80％炭疽福美可湿性粉剂 500 倍液，或 50％甲基托布津可湿性粉剂 1000 倍液，或 70％甲基硫菌灵可湿性粉剂和 75％百菌清可湿性粉剂 1∶1 的混合粉 1000 倍液喷雾，每隔 5～7 天喷一次，连喷 3～4 次。

七、菌核病

菌核病主要为害白菜、甘蓝、萝卜等十字花科蔬菜。

1. 症状　此病主要为害根茎。植株的根茎腐烂，生有白霉，在潮湿条件下，病部的表面有棉絮状菌丝，有的形成黑色菌核。

2. 发病条件　此病为真菌性病害。病菌在土壤中或混杂在种子里越冬，通过根茎的表皮直接侵入植物体，可借助气流或育苗进行传播。在气温为 5℃～20℃、空气相对湿度在 85％以上时，植株易发病。

3. 防治方法

（1）农业防治　实行菜田轮作；菜田要深耕翻，深埋菌核；精选种子，淘汰菌核；播种前用 14％盐水浸种 15 分钟；加强田间管理，预防低温高湿。

（2）药剂防治　可用 50％速可灵可湿性粉剂 2000 倍液，或 50％托布津可湿性粉剂 500 倍液，或 50％多菌灵可湿性粉剂

600~800倍液，发病初期可7~10天喷一次，共喷2~3次。

八、黑腐病

黑腐病为害白菜、甘蓝、萝卜等十字花科蔬菜。

1. **症状**　白菜黑腐病可为害叶片和根茎。病叶上出现褐色斑，叶缘出现"V"字形黄褐斑，叶脉和维管束变褐，外叶干腐易脱落，根茎染病则维管束变褐，髓部易形成空腔。

2. **发病条件**　此病为细菌性病害。病菌在种子上或病残体上越冬，通过茎叶的气孔或伤口侵入植物体，种子带菌则直接产生病体，借助风雨或田间作业进行传播。在气温为25℃~30℃、空气相对湿度为90%以上时，植株易发病。

3. **防治方法**

（1）农业防治　实行3年以上的菜田轮作；选用抗病品种；种子消毒，用50℃温水浸种20分钟；用45%代森铵水剂300倍液浸种15~20分钟，冲洗后晾干播种；或用50%琥胶肥酸铜可湿性粉剂按种子重量的0.4%拌种；或每千克种子用漂白粉10~20克（有效成分）加少量水，将种子拌匀放入容器内封存16小时后播种。

（2）药剂防治　发病初期，叶面喷洒72%农用链霉素可溶性粉剂，或新植霉素100~200毫升/升，或45%代森铵水剂900倍液，或50%琥胶肥酸铜可湿性粉剂700倍液，或14%络氨酮水剂350倍液，或12%绿乳铜乳油600倍液，每隔7~10天喷一次，共喷2~3次。

九、根肿病

1. **症状**　根肿病只为害大白菜根部。发病初期，病株叶色暗淡，凋萎下垂，根部肿大呈瘤状，其形状和大小受着生部位和被浸染时间长短的影响，主根上的瘤多靠近上部，球形或近球形，凹凸不平，表面粗糙，有时表皮开裂；侧根上的瘤多呈圆筒形或手指形，多个连在一起呈串珠状。发病后期，病部易被软腐细菌浸染，组织腐烂，散发出臭味。

2. 发病条件 该病主要由雨水、灌溉水、昆虫和农具进行传播，也随着产品及产品附着的泥土、厩肥传播。病菌发育的适温为 19℃～25℃，适宜相对湿度为 50%～98%，适宜 pH 值为 5.4～6.5。一般低洼地、腐殖质含量少的贫瘠地或钙含量不足的地块发病重。

3. 防治方法

（1）农业防治 实行 3 年以上轮作，避免在低洼积水地或酸性土壤地块种大白菜；改良土地，在酸性土地中每 667 平方米施消石灰 100～150 千克，并增施有机肥；播种前 20 天，用 40%甲醛溶液喷洒床土，然后用塑料薄膜覆盖 5 天，揭开后晾 2 周再播种；加强田间管理。

（2）药剂防治 发病初期用 40%五氯硝基苯粉剂 500 倍悬浮液灌根，每株灌 0.4～0.5 升。

十、白菜干烧心

1. 症状 白菜干烧心主要发生在大白菜包心期的球叶部分。球叶外观正常，剥开球叶，可见内部叶片局部黄化，叶肉呈干纸状，叶组织呈水渍状，叶脉暗褐色。病区汁液发黏但无臭味，病部与健康部分界线清晰，有时出现干腐或湿腐。贮藏期间由于杂菌腐生，发生腐烂。

2. 发病条件 白菜干烧心为生理病害。主要原因是生理失调，缺少锰、钙等元素。特别是土壤中活性锰不足 10 毫克/千克时，白菜易发生干烧心。

3. 防治方法

（1）农业防治 选用抗病品种；适时晚播；施足底肥，适时适量灌水。

（2）药剂防治 喷洒 0.7%氯化钙和 50 毫克/千克萘乙酸混合液，或 1%过磷酸钙溶液，每隔 7～10 天喷一次，共 2～3 次，每株喷 20 毫升左右；或在包心期向心叶撒含 16%氯化钙和 5%硼的颗粒剂。

此外，白菜白粉病、灰霉病、白锈病等也有少量发生。

第三节　虫害防治

一、蚜虫

1. 为害状　蚜虫又名蜜虫、腻虫。白菜在苗期和结球期都可受害。成蚜和幼蚜在叶背吸食汁液，轻者形成褪色斑点，叶发黄；重者叶面卷曲，皱缩变形，影响包心结球。此外，蚜虫还传播病毒病。

蚜虫繁殖的适宜温度为15℃～26℃，适宜相对湿度为75.8%以下。

2. 防治方法

（1）农业防治　及时清除杂草，清洁田园，利用黄皿或黄板诱蚜，或用银灰色塑料薄膜避蚜，都可收到较好的效果。

（2）药剂防治　可选用20%杀灭菊酯乳油3000倍液，或2.5%溴氰菊酯乳油3000倍液，或50%抗蚜威可湿性粉剂2000倍液，或10%吡虫啉可湿性粉剂2000倍液等喷雾防治，每隔6～7天喷一次，连喷3次。

二、菜粉蝶

1. 为害状　菜粉蝶的幼虫是菜青虫（图4-4）。菜青虫青绿色，背浅淡黄色，腹面绿白色，可分5龄。1～2龄菜青虫啃食叶肉，留下一层薄而透明的表皮，3龄以上食量明显增加，5龄为暴食期，把叶片吃成孔洞或缺刻，严重时吃光叶片，仅剩叶脉。如菜青虫被包在菜心里，可在叶球里取食，排泄粪便，污染菜心。严重时，影响白菜产量和质量。

温度16℃～31℃，相对湿度68%～80%适宜菜青虫生长发育，在此条件下，菜青虫为害重。

2. 防治方法

（1）农业防治　合理布局，避免连作，清除田间残株老叶，深翻土壤是压低夏季虫口密度，减轻秋白菜受害的有效措施。

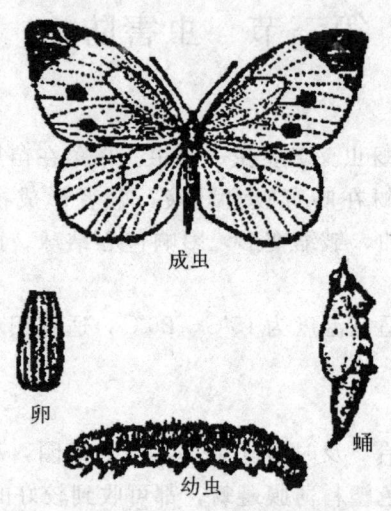

成虫

卵　　　　　　　蛹

幼虫

图 4—4　菜粉蝶

（2）**药剂防治**　最好在菜青虫 2 龄前用药，可喷施 50% 辛硫磷乳油 1000 倍液，或 20% 杀灭菊酯乳油 3000 倍液，或 20% 溴氰菊酯乳油 3000 倍液，或 2.5% 功夫乳油 3000 倍液，或 2.5% 保得乳油 2000 倍液等。也可用生物农药苏云金杆菌乳剂喷雾防治，每 667 平方米用 100 亿活芽孢/毫升的苏云金杆菌乳剂 200 克加水 500～1000 倍。生物农药作用较缓慢，应提早喷施，气温在 20℃ 以上时效果好。

三、菜蛾

1. **为害状**　菜蛾又名小青虫、吊丝鬼、两头尖等（图 4—5）。老熟幼虫黄绿色，两头尖细，腹部大，呈纺锤形。幼虫潜入叶肉取食，2 龄取食下表皮和叶肉，3 龄可将叶片吃成孔洞。成虫活跃，遇惊扰即扭动、倒退或挂丝下落，一般发生在春季采种株上。

2. **防治方法**

（1）**农业防治**　同菜粉蝶。

（2）**物理防治**　利用小菜蛾成虫的趋光性，在菜田设置灯诱

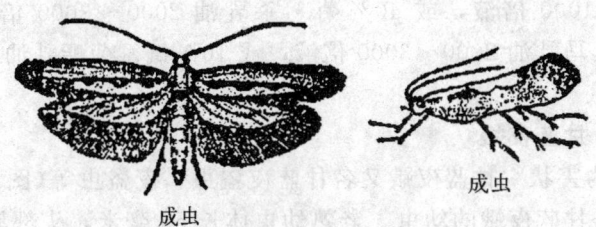

成虫　　　　　　　　　　　　成虫

幼虫

图4—5　菜蛾

杀，每667平方米设1盏。

（3）生物防治　人工饲养并施放菜蛾绒茧蜂杀死害虫。可用每克含100亿活孢子的苏云金杆菌制剂500～1000倍液进行喷洒。

（4）药剂方法　喷洒50％辛硫磷乳油1000倍液，或用2.5％功夫乳油3000倍液喷雾防治。切忌单一种类的农药连续使用，以免害虫产生抗药性，影响防治效果。

四、黄条跳甲

1. 为害状　黄条跳甲又名黄曲条跳甲、菜蚤子。成虫体长2.2毫米，黑色有光。幼虫长圆筒形，长约4毫米，成虫和幼虫都能为害。成虫主要为害叶片，取食叶肉，把叶子咬成许多小孔，对一些叶片较厚的只啃食叶肉而留下一层表皮，形成许多透明小孔。成虫喜欢幼嫩部分，所以一般幼苗受害严重。幼虫生长在土中，专食地下部分，剥食菜根的表皮，当幼虫较多时，可在根的表面蛀成许多弯曲的虫道，使地上部分逐渐发黄而死。

2. 防治方法

（1）农业防治　同菜粉蝶。

（2）药剂防治　苗期消灭成虫可喷洒50％辛硫磷乳油3000倍液，或20％菊酯乳油3000倍液，或50％马拉硫磷乳油800倍液，或每667平方米用苏云金杆菌乳剂100克，或灭幼脲1号、3

号 500～1000 倍液，或 40％菊·杀乳油 2000～3000 倍液，或 40％菊·马乳油 2000～3000 倍液，或 10％氯氰菊酯乳油 2000～3000 倍液。

五、甘蓝夜蛾

1. 为害状　甘蓝夜蛾又名甘蓝夜盗虫、夜盗虫等（图 4—6）。夜盗虫是甘蓝夜蛾的幼虫。老熟幼虫体长 50 毫米，头部黑褐色，腹部淡绿色，背面黄绿色或棕褐色，有倒八字纹。幼虫食叶，有群聚性。昼伏夜出，常钻入叶球，引起腐烂。

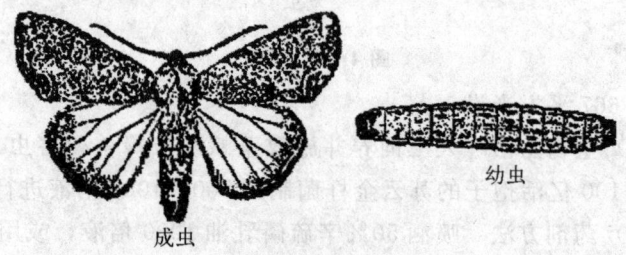

成虫　　　　　　　　　　幼虫

图 4—6　甘蓝夜蛾

2. 防治方法

（1）农业防治　同菜粉蝶。

（2）诱杀成虫　在成虫发生期，设置黑光灯或糖醋盆诱杀，利用黑光灯诱杀时，每 667 平方米放 1 盏，灯应高出作物 35～60 厘米，灯下 10～15 厘米放 1 盆水，水中滴入煤油，防止落水成虫逃脱。

（3）药剂防治　应在 2 龄前进行，3 龄后多钻入心叶，防治困难。可喷洒 40％氰戊菊酯乳油 3000 倍液，或 2.5％功夫乳油 2000 倍液，或 2.5％天王星乳油 3000 倍液，或 2.5％保得乳油 2000 倍液，或 20％灭扫利乳油等药剂。

六、地蛆

1. 为害状　地蛆又名根蛆。地蛆串食白菜的根部、茎基部及周围的菜帮。受害植株，轻者菜体畸形或脱帮，重者地蛆钻入菜心，不能食用。地蛆为害白菜造成的伤口，易引起软腐病的发生与流行。

2. 防治方法

（1）农业防治　施用腐熟的农家肥，施肥时要做到均匀、深施，种子和肥料要隔开。

（2）药剂防治　8 月上旬至 9 月下旬用 2.5％溴氰菊酯乳油 3000 倍液，或 10％溴马乳油 2000 倍液，或 50％地蛆灵 2000 倍液喷雾防治，隔 7 天左右灌一次，共灌 2～3 次。已发生幼虫的菜田，可用 25％增效喹硫磷乳油 1000 倍液，或 50％辛硫磷 800 倍液灌根。

第五章　大白菜的贮藏与加工

第一节　大白菜的贮藏方法

东北地区秋季栽培的大白菜，大部分要进行冬贮，以供应冬春市场需要，一般贮藏期长达 5 个多月。大白菜贮藏是一项很重要的工作。

一、影响大白菜贮藏的因素

收获后的大白菜虽然停止了同化作用制造养分，但仍然依靠生长期积累的营养物质继续进行新陈代谢作用，如呼吸、蒸腾、生长等。从收获到窖内贮藏，大白菜已进入休眠状态，这时呼吸作用愈微弱，白菜体内消耗的养分就愈少，所以要采取各种可能的措施使其呼吸活动减弱，从而降低消耗。

大白菜贮藏质量主要与品种、播期、采收成熟度、水肥管理、病虫害发生情况、贮藏条件等有关。

（一）品种对贮藏的影响

不同品种的贮藏性是不同的，主要与表面组织结构、细胞持水力、抗逆性等有关。一般直筒型比卵圆型和平头型耐贮，青帮的比白帮的耐贮，中晚熟品种比早熟品种耐贮。一般早熟品种都不耐贮存，即使都是中晚熟品种也有差别。如吉研 1 号、吉研 2 号、青帮河头、吉林大矬、延吉核桃纹、通园 2 号等品种是比较耐贮藏。如果生产大白菜的目的是准备贮藏的，就要有计划地选用这一类的品种。

（二）播期对贮藏的影响

冬贮大白菜对播期要求严格，过早，不仅易受病害威胁，而且白菜成熟时叶球大，紧实度高，加上气温太高，容易造成裂球脱帮而不利于贮藏；过晚则由于叶球没有抱紧，叶片表面积增大，失水增多，也不利于贮藏，并且影响产量提高。因此，为了获得稳产、优质、耐贮的大白菜，应根据当地气候条件，在适当播期范围内晚播 2～3 天。

（三）采收成熟度对贮藏的影响

同一品种的成熟度不同，耐贮藏性也不同。结球过紧实的叶球在贮藏期易开裂和衰老，不利于贮藏，所以多选用"八九成心"的叶球窖藏，"七八成心"埋藏。

（四）肥水管理对贮藏的影响

大白菜生长期间在氮肥施用量适宜的基础上，增施磷肥和钾肥能促使植株生长健壮、增强抗性，有利于贮藏。在氮肥施用过量、有机肥用量少、微量元素亏缺条件下，产品耐贮性和抗病性差，干烧心病严重。

（五）灌水对贮藏的影响

大白菜是需水量较大的蔬菜作物，一些种植户为获得较高产量，在收获前 3～4 天仍浇水助长，这样不利于大白菜贮藏。浇水晚，叶球含水量高，组织脆嫩，不耐贮藏，易造成机械损伤，影响贮藏效果。试验证明，在收获前 9～12 天应停止灌溉，这样保存率和净菜率较高。

（六）田间病虫害对贮藏的影响

感染病菌和虫害造成的伤口是造成大白菜在贮藏过程中腐败变质的原因之一。应选用抗病品种和采用良好的综合防治措施，减少病虫害发生。有病虫害的叶球不宜贮藏，应及早剔除。在大白菜砍收前 1～2 天，喷洒 50% 扑海因可湿性粉剂 1000 倍液，以避免病菌入窖浸染，造成烂菜。

（七）贮藏条件对贮藏的影响

温度、湿度、气体等贮藏条件是影响大白菜贮藏质量的关键因素。

1. 温度对贮藏的影响 贮藏温度高，大白菜呼吸作用强，消耗养分就增多。高温能促进腐败细菌的活动，易使受到机械损伤的大白菜腐烂，还易使叶球基部叶柄产生离层，导致菜帮脱落。窖温下降到$-1℃$以下，大白菜也会上冻。温度忽高忽低，使得大白菜一冻一化，破坏了叶肉细胞和叶表皮细胞，从而引起腐烂。贮藏期间窖温在$-1℃～1℃$最为适宜。窖温受菜体呼吸产生热量和外界气温影响而变化。所以要根据不同窖型和通风设备适当调节窖温，以满足大白菜贮藏期对温度的要求。

2. 湿度对贮藏的影响 在大白菜贮藏期，窖内湿度是影响贮藏好坏的重要因素。湿度过大，大白菜蒸发水分少，菜帮容易脱落，细菌容易繁殖和活动；湿度过小，大白菜蒸发量大，菜体消耗水分多，重量减轻很快，使菜体变得干瘪瘦小。贮藏期的窖内适宜湿度为$80\%～90\%$，要用通风来调节窖内湿度。

3. 气体对贮藏的影响 改变贮藏环境中空气的组成，适当降低其中氧气浓度或增加二氧化碳浓度都有抑制植物体呼吸强度、延缓后熟衰老过程、防止发芽抽薹、抑制微生物活动等作用。同时控制和协调两者的关系可以获得更好的效果。有报道，1%的低氧处理能有效地延长大白菜在$0℃$下的贮藏寿命，其营养成分损失率很低，同时延缓叶片的叶绿素损失和叶片黄化，减少腐烂。

二、大白菜贮藏前处理

大白菜贮藏前处理包括晾晒、预贮和药剂处理3个方面。

（一）晾晒

大白菜砍倒后，根部朝南平铺田间适当晾晒3～4天，再上下翻动，令其叶球含水量均匀，晾晒至菜棵直立时其外叶下垂而不致折断为宜。这样既可减少贮运过程中的机械伤害，还能增强其抗寒力。

（二）预贮

经过晾晒后，选择七八成心的菜棵进行整修，摘除黄帮、烂叶，撕去外围叶片的叶耳和"过头叶"（叶长超过叶球的部分），清除带有病虫的菜棵。经过晾晒、整修后，如果外界气温尚高，应把待贮菜棵整齐地码放在贮藏设施附近的背阴处，并加以适当的覆盖，注意做好日间防热和夜间防冻工作。等外界气温降到1℃～2℃时方可入贮。

（三）药剂处理

为解决大白菜贮藏中的脱帮，可用药剂处理大白菜根部。每667平方米用 3～4 克防落素对水 75～100 升，或 50 克青鲜素对水 50～75 升喷施大白菜根部，可明显防治大白菜脱帮。

三、大白菜窖藏方法

大白菜的贮藏方法中国南北方式不同，长江中下游以南、南阳盆地部分地区采用露地贮藏方式；在气候较温暖的长江中下游以北地区及陕西、山东等地多采用堆藏的方式；北京郊区应用较多的是埋土贮藏；而东北、华北和西北地区贮藏大白菜的主要方法是窖藏，又称活窖贮藏，人可进入，便于随时检查贮藏情况，但建窖费工费料，成本高。

（一）窖的形式与建造

通常窖深 3 米左右，长 4～10 米，宽 2～4 米。按其结构可分为 3 种，第一种是土窖，就地挖好，用少量木材和秫秸作棚顶，这种窖一般可使用 2～3 年；第二种是半永久性窖，除用木材和秫秸棚作顶外，窖壁用砖砌成，一般可用 3～4 年；第三种是永久性窖，窖壁周围用砖砌，用水泥预制板作棚顶。下面介绍土窖的挖制方法：

1. 选择窖址　窖址要选择地势高燥，地下水位低的地方。在白菜收获之前就要把菜窖挖好并晾几天，使窖壁、窖底干一干，既有利于窖的坚固耐用，又有利于贮藏。挖窖过早或过晚都容易塌帮。

2. 挖窖坑　根据吉林省的气候条件，以长春地区为例，一般窖深 2.6～3 米，对窖的深度有"七冻八不冻"（传统计量单位：尺）的说法。就是说当窖深不足 2.3 米，往往出现冻窖，如果窖深在 2.4 米以上基本冻不了菜。一般是窖越深保温性能越好。土窖底宽一般为 2.4～2.6 米，窖口宽为 2.6～3 米，上下保持 30 厘米左右的坡度，能抑制窖帮塌方。窖长根据贮菜量的多少而定。

3. 棚窖盖　窖坑挖好后要棚窖盖。棚窖盖时，先在窖坑四周垫上秫秸，防止窖木压塌窖帮。挖出的窖土放在距窖口 80～100 厘米以外的地方，在窖口的四周挖一圈 40 厘米宽、33 厘米深的沟。顺窖口放两捆秫秸，沿窖口摆一圈（也称窖枕头）。在窖枕头上边每隔 80～100 厘米摆一根窖木，横放在窖枕头上，两头能延出窖帮 50～70 厘米，然后在窖木上横摆 1 层成捆的秫秸，留风道，一般在中间留 60～70 厘米的正方形作窖门。最后在秫秸上培土，土层厚达 33 厘米左右即可。

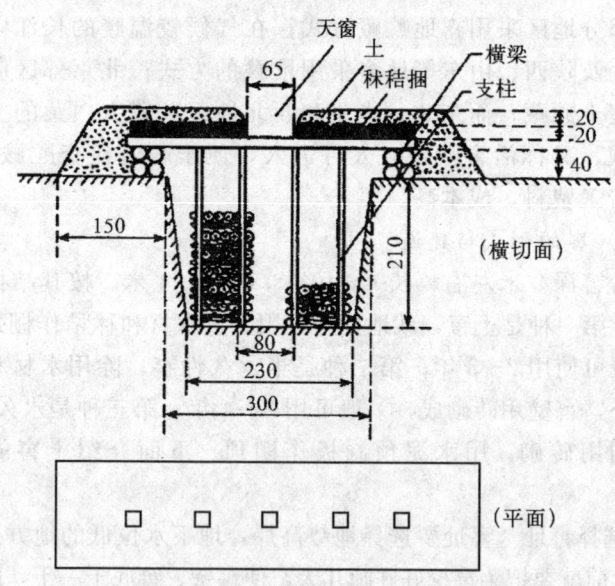

图 5－1　大白菜窖藏（单位：厘米）

（二）大白菜窖藏技术

1. 入窖菜的选择　贮藏用的大白菜要在砍白菜时选出，选择棵大、无病虫害、脱帮少、不裂球的菜准备入窖。

2. 入窖前的处理

(1) 晾晒　将选好准备贮藏的大白菜就地晾晒 4～5 天，减少菜体水分，以便减少装运损失，提高耐贮性。菜根保留 6 厘米，将菜头朝北、菜根朝南单棵摆在地上，晾晒 1～2 天后，翻转菜体再晾晒 1～2 天，把菜晒软，以外帮轻折不断为适宜。如果温度下降，码成圆锥形垛。新鲜菜 400～600 千克码成一垛，晚上垛顶用菜叶或草苫子盖好，早上揭开通风。晒好后可不必天天拆垛晾晒，只是打开垛顶通风即可，每隔 4～5 天打开垛晾一次。气温再下降时，应增加防寒物。

(2) 修整　入窖前要对白菜进行修整，除去大白菜外层的黄帮烂叶，把绿色大叶超过菜头的部分去掉，但要保留外层菜帮以保护叶球。所有带霜霉病、黑斑病的外叶都要摘去，然后准备适时入窖。

3. 入窖　白菜的入窖时间要根据天气情况灵活掌握。入窖过早，窖内温度高，自然通风不易降温，白菜容易伤热；入窖过晚，白菜容易受冻。入窖前要特别注意天气变化，做到天不冷不入窖，一旦平均气温降到 0℃ 以下或最低温度达到 -5℃ 以下时立即入窖。白菜入窖时间最好选冷冻天气在傍晚或早晨突击入窖，这时大白菜本身的温度低，有利于控制窖温。入窖后码菜方式有以下 3 种：

(1) 堆藏法　堆式贮藏法是在窖内堆成长形堆，高度不超过 1.5 米，长度可根据窖长、窖宽而定。码堆时，每层白菜之间用秫秸隔开，每隔 1～2 层把菜头与菜根倒换过来码。堆与堆之间相隔 50～60 厘米，以便倒菜和修整。

(2) 架藏法　在窖内每隔 1～2 米对应设两根固定立柱，然后从窖底 20 厘米处开始沿柱向上每隔 70～100 厘米为一层，直到距窖顶 20 厘米为止。码菜方法同上。

(3) 吊贮　用钢筋、木材或其他材料制成吊架，高 2 米、长 5 米、宽 0.5 米，共分 4 层，每层间距 70 厘米，每层吊菜 4 行，用粗铁丝做成小钩穿过白菜根，将白菜倒挂在架上。这种方式比较费工费物。

4. 入窖后的管理 白菜窖贮期间，要尽量保持窖内温度和湿度达到贮藏白菜的最适要求，可以根据天气的变化情况，通过放风和倒菜两项工作来调整窖内温度和湿度。使窖内温度控制在最适温度 0℃左右，不低于－2℃，不高于 2℃；湿度以 80%～90% 为最适宜。土窖贮藏白菜在管理上大致可分为 3 个阶段：

（1）贮藏初期 从入窖到 11 月下旬，外界气温较高，白菜呼吸作用强，窖内的温度也很高，应该大通风。全开通风口，中午还应打开窖门。每隔 5～6 天倒菜一次，摘去黄帮、烂叶，把菜移动变换位置，使菜堆中的热气和潮气散发出去。

（2）贮藏中期 从 11 月末到第二年 1 月末，这段时间最长，外界气温逐渐降到一年中最低值，窖温也明显下降，应注意保温，逐渐增加防寒设备。窖内要挂防寒被，窖顶通风孔加盖草苫。通风时间逐渐缩短。在风雪天通风时，要防止雪降到窖内增加湿度。通风孔内窖顶结霜要及时清除，以免影响通风换气。如发现大白菜外帮有冻时，要及时使窖温缓慢升到 2℃，使受冻外帮缓慢恢复，10～15 天倒菜一次。此期管理要点是防冻。

（3）贮藏后期 2 月下旬以后，天气逐渐转暖，注意防热防潮，进入 3 月以后，如晴天温度高时，应将窖门和通风口盖严，防止暖风入窖。夜间将通风口打开通风，降低窖温和排湿，一般每 5～6 天倒菜一次。结合倒菜把窖棚顶上的霜雪扫除，防止融化后水滴落在白菜上引起腐烂。

在整个贮存期间要保持窖内清洁，摘除的黄帮烂叶要及时打扫清除。发现有菜棵发白，不宜再贮存的菜，要及时选出上市。

四、大白菜气调贮藏方法

随着现代化技术的不断提高，先进的蔬菜保鲜和贮藏技术逐步得以应用和发展，如通风库贮藏、冷库贮藏、气调贮藏、化学贮藏、辐射贮藏、减压贮藏等，但由于其设备复杂，投资大，成本高，主要用于经济价值较高的蔬菜，如蒜薹、花椰菜等，但气调保鲜技术已在大白菜贮藏上得到应用。

气调贮藏是通过调控贮藏环境中的气体组成，降低氧气含量和提高二氧化碳浓度，利用环境空气中低氧分压和高二氧化碳分压，降低蔬菜组织中的氧化活性，抑制乙烯的产生，同时抑制蔬菜产品和微生物的代谢活动，达到蔬菜保鲜的目的。

气调贮藏按调节环境中气体组成的方法不同，分为控制气调贮藏和自发气体贮藏两种。控制气调贮藏是利用气调贮藏库人为控制和调节贮藏环境中的氧气和二氧化碳；自发气调贮藏是将大白菜贮藏在一个密闭的容器中，依靠其自身的呼吸作用消耗氧气，提高二氧化碳浓度。控制气调贮藏的气体组成稳定，贮藏效果好，但设备、工艺复杂、投资大、贮藏费用高；而自发气调贮藏无法使贮藏环境中的氧气和二氧化碳气体成分保持不变，因此，贮藏效果稍差。但简便易行，管理操作方便，投资少，贮藏费用低，是气调贮藏的主要方式。

大白菜气调贮藏可采用塑料薄膜内衬包装贮藏、大帐密封贮藏和单球套袋贮藏。

1. 塑料薄膜内衬包装贮藏　用 0.03 毫米厚的聚乙烯薄膜内衬于筐中，装满叶球后密封内衬。

2. 大帐密封贮藏　将加工好的大白菜叶球摆放在菜架上，每架 3～4 层，然后用 0.07 毫米厚的聚乙烯膜帐密封。每 2 天测一次帐内氧气和二氧化碳浓度，当二氧化碳浓度超过 5% 时，需向帐内撒消石灰。如果帐内有水珠，应开帐擦去。15～20 天倒菜一次，剔除烂菜。

3. 单球套袋贮藏　用 0.015 毫米的低密度聚乙烯薄膜做成长 50～60 厘米、直径 35 厘米左右的袋子，1 个叶球 1 个袋子，折口放入筐中或菜架上贮藏即可。

气调贮藏除调节气体组成外，还应保证适宜的温度和湿度。大白菜喜凉爽湿润，因此贮藏期间最适温度为 −0.4℃，适宜的相对湿度为 90%～95%。

第二节　大白菜的加工方法

大白菜质软，含水量高，加工种类较少，多数为腌制品。根据腌制加工的工艺特点，可分为咸菜、酱菜、酸菜等。

一、制作普通咸白菜

普通咸白菜的制作方法较简单，将大白菜切成 4 瓣，小棵的切成两瓣，用清水洗净，沥干水分。腌制时，先在缸底撒一层盐，再将大白菜切口向下放入缸内，一层大白菜一层食盐摆好，大白菜和食盐的比例为 10：1。摆满后，用重量约为大白菜重量 1/3 的石头压上并盖上盖，第二天和第三天各倒缸一次，1 周后再倒一次，20 天后即可食用。产品要求色白、脆嫩、爽口。

二、制作香麻白菜

鲜白菜 25 千克，细盐 150～175 克，五香粉 20 克，蒜泥 150 克，大料、花椒粉 35 克，熟黑芝麻 100 克，熟菜油 250 克，防腐粉 3 克。将大白菜除去根、软叶和老帮，用水洗净，将菜帮切成 5 厘米长、0.6 厘米宽的长条，摊放在竹筛或干净木板上晾晒成皮干为止（剩原来重量的 10％左右）。将晒好的菜坯放入盆内，撒上细盐并搅拌均匀后，装缸腌制 1 天捞出，倒掉盐卤，再将大白菜重新放入缸内，加入五香粉、蒜泥、大料、花椒粉、熟芝麻、熟菜油，调拌均匀，然后压紧，盖好盖密封。腌制 30 天后即可食用。

三、制作甜辣白菜

大白菜 2 千克，精盐 100 克，红辣椒 2～3 个，小葱 5 克，辣椒面 10 克，大葱末 3 克，蒜泥 3 克，姜末少许，芝麻 10 克，香油 20 克，白糖 30 克。将大白菜去根和老帮，纵切成 4 瓣，洗净后用盐腌 3 小时，取出沥干水分，再一片片掰开。放上小葱段和红辣椒段，最后将辣椒面、白糖、葱末、蒜泥、姜末等混匀成泥状，抹在白菜上，再均匀撒上芝麻即成。成品色泽鲜艳，味香甜咸适当，独具特色。

四、制作酸辣白菜

大白菜 2 千克，精盐 150 克，酱油 50 克，白糖 200 克，干辣椒 8 个，泡红辣椒 40 克，花椒 60 克，葱 20 克，姜 20 克，香油 50 克。将大白菜去根，剥去老叶，洗净剖开，取菜心部分嫩叶，顺切成长 70 毫米、宽 7 毫米的长条，放在盘中，均匀地撒上精盐，盖严腌 4～5 小时，腌好后取出，挤去水分，摆在盘中，将葱、姜切成细丝撒在大白菜上。再将炒锅置火上，倒入香油，加花椒和干辣椒，至油冒烟时浇在白菜上。最后将酱油、白糖调成汁倒在白菜上，压上盘子，腌 4～5 小时，即可食用。此菜颜色微红，质地清脆，入口咸辣，回味甘甜，属四川风味。

五、制作霉干菜

将 5 千克鲜大白菜洗净，晒至鲜菜重的 50％，加入 400 克精盐，充分拌匀后倒入缸内压实，7 天后，当白菜变酸时，选晴天捞出，摊在席子上晾晒，晚上收起时仍将盐卤拌入，置蒸笼中蒸熟；第二天再摊开晾晒，晚上再蒸，反复 3～4 天，将晒干的菜放入小口坛中，压实密封，30 天后即成。

六、制作酱白菜

将盐渍的半成品浸在酱里，吸收酱中的营养物质和酱所具有的鲜味、甜味和香味，使其具有特殊的色泽和鲜美的风味；同时，酱品里的食盐具有防腐作用。配料比例：大白菜 2.5 千克，食盐 1 千克，面酱 4 千克。将 500 克食盐倒入 500～600 毫升水中，将盐水煮沸后冷却至常温备用。将大白菜剥去外层烂叶和老帮，洗净，放入盐水缸内，再在白菜表面撒上一层盐，压上石头，使盐水淹没白菜。2 天倒缸一次，8 天后捞出大白菜。将从盐水里捞出的大白菜放在清水里浸泡，每天换 1 次水，3 天后捞出，沥干水分。装入纱布袋中。酱渍：纱布袋浸入面酱中，酱渍 30 天左右即可食用。

七、制作酸菜

酸菜是利用乳酸等有益微生物的发酵作用，使腌渍的白菜有酸味，同时抑制其他有害微生物的活动，防止白菜变质腐坏。

1. **北京酸菜** 砍掉大白菜老根，摘去老叶，洗净、晾干，然后切成1厘米宽的长条，再横切成方形或菱形块。置苇席上摊开晾晒，至鲜菜脱水80％左右时，即成菜坯。将盐倒入菜坯中（每10千克鲜菜加盐400克），搅拌均匀，充分揉搓，然后装入缸中，随装随压，压实后，上面撒一层细盐，加盖封闭。腌3天后取出，加入与精盐等重的蒜泥，充分混匀，装入坛中，压实加盖，用土泥密封坛口，置室内使其自然发酵，100天左右即成。此菜色泽金黄，风味酸甜可口，既可直接食用，又可做汤菜或炒食。

2. **武汉酸白菜** 将中等大小的白菜去掉黄叶和老帮，洗净晾晒2天后，一层白菜一层食盐逐层装入缸内，白菜和食盐的比例为20：1。边装边用木棒揉压使白菜变软，最上层压上石块腌渍并继续揉压，待缸内水分没过白菜时，加盖，放在空气流通处使其自然发酵，1个月后即成酸白菜。成品色泽微黄而光亮，味道清爽，香酸可口，可直接切丝食用，也可做汤、炒菜或吃火锅。

3. **鲜辣泡菜** 大白菜5千克，干红辣椒800克，蒜100克，精盐20克，白糖20克。先将干辣椒洗净、擦干、去把，蒜去皮，一起剁成细末，盛在碗内，加少许盐和白糖，拌匀待用；再将白菜去老帮、黄叶，洗净沥干水后，剖成两瓣；然后将坛子洗净，擦干，把调好的辣椒、蒜末抹在白菜帮中间，逐个抹好，摆放在坛内；最后盖好盖，放在阴凉处，约4天后即可食用。成品脆嫩鲜辣，稍带咸味。

4. **纯酸型泡白菜** 大白菜3千克，蒜苗450克，辣椒粉150克，白酒30克，食盐670克，食用碱0.5克，白糖150克。将新鲜白菜晾晒脱水至发蔫，然后冲洗干净，并将菜叶撕下叠好，切成3厘米左右的小块。选肥大、新鲜的嫩蒜苗，剥去老皮，除掉根和叶片，每10根扎成一把，晾晒4～5天，切成小段。将切好的大白菜、蒜苗放入菜盆，加食盐 300 克和白酒 30 克拌匀，并用手轻轻揉搓，使菜汁渗出，然后放入坛中。用 3 升凉开水将白糖和剩余的食盐溶解，加入辣椒粉、食用碱拌匀后装入泡菜坛内，淹没大白菜和蒜苗。盖上盖，添足坛沿水，每 3 天换一次坛沿水，泡 3 个月，即可食用。成品色微黄，有光泽，质地脆嫩，酸辣可口。

5. 甜酸型泡白菜　白菜 3 千克，食盐 670 克，蒜苗 450 克，白酒 30 克，糯米酒 1500 克，辣椒面 150 克，冰糖 150 克，食用碱 0.5 克。先将大白菜洗净，晾晒脱水，然后冲洗、沥下，并将菜叶撕下叠好，切成 3 厘米左右的小块；再将蒜苗剥去外层老皮，除掉根和叶片、每 10 棵扎成 1 捆，晾晒 4～5 天，切成小段；把大白菜和蒜苗放入菜盆，加 300 克食盐，30 克白酒拌匀，轻轻揉搓，菜汁渗出后装入坛中；再用凉开水 2 升，将剩下的食盐和冰糖、食用碱溶化，加入辣椒面，糯米酒拌匀，装入坛内，淹过大白菜和蒜苗。最后盖上坛盖，泡制 3 个月即成。

6. 酸菜　将大白菜切去老根，从基部切一深约 3 厘米的"十"字，然后放沸水中烫至五成熟时捞出，再用冷水冲洗干净，摆放在缸内。缸内加入冷水，水量以淹没大白菜为准。将小块面肥放入缸内，上层压上石块，使白菜没在水面下。10～15 天可发酵成熟，随吃随取。味酸爽口，脆嫩宜人。

第六章 其他白菜类蔬菜栽培技术

第一节 油 菜

　　北方各省栽培的菜用油菜，不是南方各省叫做油菜的油料作物，而是不结球的小白菜，即普通白菜。南方习惯称为小白菜，北方习惯称为油菜，而北方各省栽培的小白菜，实际是大白菜的幼苗。本章所述为北方各省用作蔬菜的油菜。油菜在全国种类繁多，生长期短，抗热，耐寒，适应性广，同时产品鲜嫩，营养丰富，省工易种，优质高产，可在一年四季排开播种，周年供应，深受广大群众欢迎。油菜的栽培面积日益扩大，在保护地和露地均有种植，在蔬菜周年均衡供应中，起着较为重要的作用。

一、油菜的生物学特性

（一）植物学特征

1. 根 油菜为直根系，根浅，须根发达。主根入土深15～20厘米，侧根分布广度为20～25厘米。根系再生能力强，适于育苗移栽。

2. 茎 油菜在营养生长时期，茎为短缩茎，遇高温或过分密植也会伸长。通过阶段发育后，抽出花茎，节长，叶小，品质明显下降，但幼嫩花茎也可食用。

3. 叶 莲座叶着生在短缩茎上，柔嫩多汁，为主要食用部分，又是同化器官。叶长15～30厘米。叶的形态特征依品种和环境条件而有所不同。叶有圆形、匙形、卵圆形、椭圆形和倒卵形等。叶色有浅绿、深绿。叶片多数光滑或有皱缩，少数具有茸毛。叶缘有全缘、锯齿或波状皱褶。叶柄明显、肥厚、直立，叶柄颜色有白、绿白、浅绿或绿色。单株叶数一般在10片以上，多达 30 片左右。株高 23～30 厘米，开展度 15～20 厘米。花茎上叶一般无叶柄，叶片基部抱茎（图 6-1）。

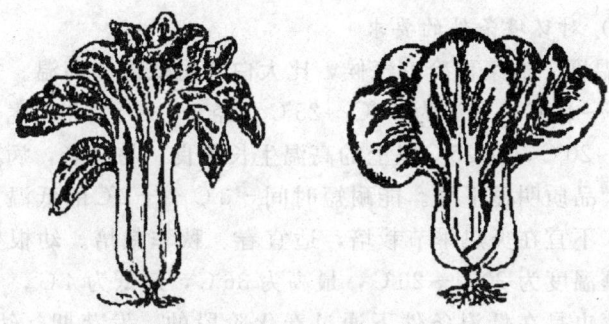

图 6-1　油菜

4．花　油菜的花为完全花，黄色，异花授粉，虫媒花。

5．果实　油菜结果为长角果，内有种子 10～20 粒。成熟的角果容易开裂，需要及时收获。

6．种子　种子近圆形，红褐或黄褐色。千粒重 1.5～2.2 克。

（二）生长发育过程

油菜的生育过程分为营养生长期和生殖生长期。营养生长期依器官发生过程分为发芽期、幼苗期和莲座期。生殖生长期包括抽薹孕蕾期和开花结果期。

1．发芽期　从种子萌动到子叶展开、真叶显露为发芽期。种子吸水膨胀后，在适宜的温度下，经 35～38 小时两片子叶露出地面，70 小时以后子叶全部展开，同时真叶显露，发芽期结束。

2．幼苗期　从真叶显露到形成第一叶环为幼苗期。幼苗期叶片通过同化作用积累营养物质，为莲座期叶片打下基础。只有生长良好的幼苗，叶原基分化好，才能大量生长莲座叶。

3．莲座期　从植株第二叶环展开至第三叶环形成为莲座期。此期是个体产量形成的主要时期。

4. 抽薹孕蕾期　从抽出花茎、主花茎和侧枝上长出茎生叶，到顶端形成花蕾为抽薹孕蕾期。

5. 开花结果期　从花蕾长大，到陆续开花和结实为开花结果期。

（三）对环境条件的要求

1. 温度　油菜喜冷凉气候，比大白菜耐低温和高温。发芽温度为 4℃～40℃，适温为 20℃～25℃，经 2～3 天发芽。生长适温为 18℃～20℃，在 25℃以上的高温生长不良，易衰老，病毒病发生严重，品质明显下降。能耐短时间－3℃～－2℃的低温。油菜不耐热，不宜在炎热季节栽培，适宜春、秋季栽培。幼根生长的适宜土壤温度为 20℃～26℃，最高为 36℃，最低为 4℃。

油菜也是在低温条件下通过春化阶段的，发芽期、幼苗期、莲座期均能接受低温影响而通过春化阶段。春化的最适温度为 2℃～10℃，在此温度下经过 15～30 天即完成春化阶段。长日照及较高的温度有利于抽薹开花。

2. 光照　油菜属长日照蔬菜，在 13～14 小时以上的长日照条件下 3～5 天即可通过光照阶段。采种植株通过春化阶段后，给以 12 小时以上的日照条件，温度在 20℃～30℃时，植株迅速抽薹开花。

油菜以绿叶部分供食用，属中光照植物，虽然要求光照不强，但在营养生长期也要求有较强的光照。光照不足，易引起徒长、茎叶伸长、品质下降。

3. 土壤　油菜对土壤的适应性比较强，喜疏松肥沃、有机质含量高、保水保肥性强的黏土或冲积土。

4. 追肥与灌水　油菜对肥水的需要量与植株的生长量几乎是平行的。生长初期，叶的生长量少，对肥水的吸收量也少。生长盛期，叶的生长量大，对肥水的需要量也大。油菜以莲座叶为产品，生长期短且迅速。氮肥在生长盛期对产量和品质影响最大。油菜对钾肥的吸收量较大，而磷肥的增产效果不够显著。

二、油菜的优良品种

油菜优良品种较多，现仅介绍几种吉林省栽培面积较大的品种。

1. **五月慢** 植株长势强，叶片卵圆形，叶脉细，叶色偏深绿。叶面光滑，叶柄白绿色。叶片和叶柄有蜡粉。株高 30 厘米，开展度 30 厘米，单株重可达 0.75 千克。耐寒、冬性强，春季栽培不易抽薹，品质好。春、秋两季均可栽培。

2. **青帮油菜** 株高 30～35 厘米，开展度 45 厘米，全株有叶 20 余片。叶片近圆形，正面深绿色、背面绿色。叶面光滑，稍有光泽。叶柄浅绿色，较窄且厚。叶片和叶柄表面均有蜡粉。单株重 0.5 千克左右。耐寒、耐贮、抗病。春季栽培每 667 平方米产 1500～2000 千克。秋季栽培每 667 平方米产 4000～5000 千克。

3. **四月慢** 植株呈短筒形，基部粗，叶柄处束腰，株高 25～30 厘米。叶片卵圆形，全缘，表面光滑，叶色深绿，叶片厚。叶柄扁平肥厚，淡绿色。品质好，纤维少。较抗寒、冬性强，春季栽培不易抽薹。定植后 40～50 天收获。

4. **仙鹤白** 株高 30 厘米，全株有叶 10 余片。叶倒卵形。叶面平滑绿色，叶缘不整齐呈钝齿状。叶柄白色扁薄。单株重 80 克左右。纤维少，品质中等。耐寒，耐热，适应性强，生长速度快，一年四季均可栽培。

5. **高脚白** 植株呈长圆筒形。叶片长椭圆形，淡绿色，全缘，叶面光滑，叶脉粗且稀。叶柄扁平、白色、光滑。耐热性强。适宜夏、秋季栽培。

三、油菜栽培技术

(一) 栽培季节

吉林省各地区温度差异比较大，除春、秋季露地栽培外，在保护地中可以进行秋冬、冬季和早春栽培（表 6-1）。

表 6—1　吉林省油菜不同栽培方式的栽培季节

栽培方式	栽培季节	播种期	收获期
保护地	秋冬栽培	8月中旬至10月下旬	11月上旬至12月下旬
	冬季栽培	10月上旬至10月下旬	1月上旬至2月下旬
	早春栽培	12月上旬至2月上旬	3月上旬至4月中旬
露地	春季	4月上旬（直播）	5月下旬
	秋季	8月上旬（直播）	9月下旬

（二）露地直播油菜

1.春油菜栽培

（1）品种选择　选用生长速度快、耐寒性强、品质好、抽薹晚的品种。

（2）整地施肥　选择土壤疏松肥沃，有机质含量高的沙壤土。每667平方米施腐熟农家肥4000～5000千克。翻地20～25厘米深，作畦，畦宽1.1～1.2米、长8～10米。

（3）播种方法　地区不同，播种时间也不同。播种太早难以避免低温影响，随春天日照延长，很容易抽薹开花，影响质量，降低产量，甚至丧失食用价值。播种晚了，长势比较好，很少有抽薹现象，但上市晚。播种适期的标准是旬平均温度达到4℃～5℃以上，直播，适当间苗或疏苗。

播种方法有撒播和条播，撒播比条播用种量大。播种时墒情要好，对于墒情不好的要灌底水播种。条播行距10～15厘米，覆土厚度1.5～2厘米。覆土过厚出苗晚，苗不齐，出苗后幼苗瘦弱。出苗后进行两次间苗，第一次在苗高3厘米左右时，第二次在苗高6～9厘米时。

（4）田间管理　一般在4～5片真叶时灌水。灌水过早，会降低土壤温度，植株生长缓慢，同时由于泥浆沾污子叶和生长点会引起死苗。灌水过晚影响植株生长，产量低。结合灌水追施速效性化肥，每667平方米施硫酸铵25～30千克或尿素12～15千克。保证营养生长期有足够的养分，达到高产优质，一般5月下旬收获。

（5）病虫防治　春油菜以防虫害为主，如黄条跳甲、地老虎等。

2. 夏秋季油菜栽培

（1）品种选择　选用比较耐热的油菜品种，如高脚白，可以发挥生长期短的特点。

（2）整地施肥　夏秋季节，天气炎热，应选择通风、阴凉、距水源较近的地块种油菜。播种前 7～10 天，每 667 平方米施腐熟农家肥 4000～5000 千克。施肥后深耕，耙平。

夏秋季栽培油菜，最好做成宽 1.5 米的半高畦。即畦宽 120 厘米，沟宽 30 厘米，沟深 10～15 厘米。也可在安排夏豆角、秋黄瓜等蔬菜时，留出间作畦。在间作畦内施肥，整地后种植油菜。油菜与豆角、黄瓜等实行间作，既利于改善豆角、黄瓜的通风、透光条件，又能为油菜生长提供比较阴凉的小气候环境，一举两得。

（3）精细播种　播种时正值高温雨季，精细播种确保全苗是夏秋季油菜栽培的重要环节。

①播种量　夏秋季节播种，若用种量过大，小苗太挤不透风，容易徒长，经不起日晒和风吹雨打。若播种量过少，在强烈阳光下刚出土的幼苗易受灼伤，幼苗生长也慢。所以用种量要适当，以每 667 平方米 1～1.5 千克为宜。

②播种方法　可采用条播法或撒播法。播种前先将种子用 30℃温水浸种 2 小时，取出后略晾一会儿，然后用湿布包好，放在室内或恒温箱内 20℃条件下一昼夜即可播种。条播时，可先在畦内开 8 厘米宽的浅沟，120 厘米的畦面上可开 5～6 条浅沟。清晨或傍晚浇水后，将种子均匀撒入播种沟内，覆土 1～1.5 厘米。撒播时，也要避开午间高温，浇水后将发芽的种子均匀撒入畦内。撒播用种量略多于条播，播种后覆盖 1～1.5 厘米细土。如不催芽播种也可用干种子直播。

（4）田间管理　田间管理的重点是浇水。夏秋季节栽培油菜，天气热、水分蒸发快，油菜根浅且弱，吸水能力差。如果土壤水分不足，幼苗就会失水萎蔫。地面湿润，地表温度明显偏低，可避免地表温度过高而灼伤幼苗，同时有利于减轻病毒病的发生。天气无雨时，播种后至出苗前，可1～2天浇一次水，出苗后2～3天浇一次水。浇水最好在清晨或傍晚天凉、地凉时进行。油菜不抗涝，雨后如果田间积水，则根系处于窒息状态，加上温度高易发病。所以，大雨后要及时排水。

苗期应及时间苗，使幼苗有一定的营养面积，促进健壮生长，增强抗逆性。一般在1～2片真叶期进行第一次间苗，苗距2厘米。3～4片真叶期进行第二次间苗，苗距5～6厘米。第一次间苗后，每667平方米施硫酸铵10～15千克。

（5）间拔收获　油菜收获期很不严格，可以根据市场需要，将具有5～6片真叶的植株间拔绑成小捆上市；田间可按12～15厘米的行株距留苗，令其继续生长。间拔收获后再追一次肥，每667平方米施硫酸铵15～20千克。

（三）保护地油菜栽培

油菜在保护地栽培形式多样，有温室、大棚、小拱棚栽培等，同时栽培面积逐年扩大。

1. 温室油菜栽培　油菜生长期短，适应性广，对温、光、土壤肥力等要求不严格，耐低温性强。针对此特点，根据吉林省的气候条件，为充分发挥温室的生产效应，在不影响冬春茬主栽蔬菜的情况下，可抢种或与高秧蔬菜套种一茬乃至多茬油菜。

表6—2　节能日光温室两茬黄瓜套种三茬油菜栽培

茬次	播种	定植	收获	备注
第一茬	9月末	11月初	12月末	套种油菜
第二茬	12月上旬	1月上旬	2月上旬	清种油菜
第三茬	1月上旬	2月上旬	3月中旬	套种油菜

（1）第一茬油菜

① 播种育苗　选青帮油菜，9月末在露地扣小拱棚播种育苗，出苗后降温，白天控制在15℃～18℃、夜间13℃左右。子叶露心时疏苗，苗距控制在2.5厘米左右，防止小苗徒长。

② 定植　11月初打掉黄瓜中下部叶片，浅翻地施肥，定植油菜，行株距为8厘米×6厘米。栽后用喷壶浇透水，这种做法可抢时间，不影响前茬黄瓜产量，有利于缓苗和生长。

③ 管理　缓苗前密闭温室，草苫早揭晚盖，地不干不浇水。浇水时每667平方米随水追施硝酸铵20千克或尿素10～12千克，促进生长。11月末剪掉黄瓜秧，室内拉地幕和天幕，12月末上市。

（2）第二茬油菜

① 播种育苗　12月上旬在温室内扣小拱棚播种育苗。出苗前温度保持在20℃～25℃，出苗后温度控制在15℃～18℃。苗期少浇水或不浇水，提高地温有利于根系活动，促进生长。苗龄35天。

② 定植管理　1月初第一茬油菜收获后，每667平方米施腐熟农家肥4000千克。做成1.5米宽的畦，清栽油菜。行株距为8厘米×6厘米。栽后浇透水，前期仍以保温促缓苗为主，中后期适当控水防徒长。2月上旬上市。

（3）第三茬油菜　1月上旬在温室内播种育苗，苗龄30天。第二茬油菜上市后，抓紧整地，深翻30厘米，普遍施入腐熟农家肥，做成80厘米×60厘米宽的大垄。将油菜套栽在垄沟内，行株距为8厘米×8厘米。栽后浇透水，扣上小拱棚，保温，保湿，促缓苗，缓苗后撤除小拱棚。此时室温较高，要经常用喷壶浇水降温，并随水每667平方米追施尿素10～12千克。3月中旬上市。

2. 大棚油菜栽培　为了充分利用大棚光热资源，增加市场淡季供应，可在大棚主栽黄瓜隔畦间作一茬油菜（表6—3）。

表6-3 大棚黄瓜隔畦间作一茬油菜

品种	播种育苗	大棚定植	收获	说明
油菜	2月中旬	3月15日左右	4月15日左右	青帮油菜，地膜加拱棚保温
黄瓜	2月初	3月下旬	5月初上市	长春蜜刺与油菜隔畦栽种，设地膜、天幕、拱棚保温

（1）品种 选用抗低温、生长快、不易抽薹、品质好、产量高的品种，如五月慢或青帮油菜。

（2）扣棚整地 早春要提早扣棚整地，在1月下旬扣棚或利用越冬棚。扣棚后封闭保温。每667平方米撒施腐熟农家肥3000～4000千克。当土壤化冻8～10厘米深时，第一次翻地，提高土壤温度，有利于土壤解冻。当土壤化冻15厘米左右时，第二次翻地，耙平整细后做高畦。畦宽1.2米，畦面宽95～100厘米，畦沟宽20～25厘米，畦高8～10厘米。高畦有利于提高土壤温度。

（3）育苗 2月中旬在温室育苗，浇底水渗透以后播种。种子撒播，覆土厚1.5～2厘米。出苗前温度保持在20℃～25℃，出苗后温度降到15℃～18℃，防止植株高温徒长，如遇低温注意防寒，保持幼苗生长良好。

（4）定植 棚内10厘米深土壤温度稳定在5℃以上，选择晴天定植，株行距单株为6厘米×6厘米，双株为9厘米×9厘米。

（5）定植后管理 定植后3～5天，棚内温度在25℃以下时不放风降温，为提高地温可采取扣地膜、拉天幕等措施，以利提高土壤温度，促进根系活动，提早缓苗。缓苗后温度要降低，控制在18℃～20℃；当温度升高到22℃时，开始放风降温和排湿。缓苗后10天左右浇水，水量不宜大，要浇小水，保持土壤有一定的湿度，每667平方米施腐熟大粪稀1000千克。过6～7天追施硫酸铵20千克或尿素10千克。追肥、灌水后，要注意放风排湿。

(6) 收获 4月中下旬收获。

3. 塑料薄膜小拱棚栽培油菜 采用塑料薄膜小拱棚栽培油菜是一种投资少、见效快、春秋两季均可进行生产的一种栽培方式。

(1) 春季 采用温室育苗，塑料小拱棚定植生产的方式栽培。一般于1月中下旬温室育苗，3月中下旬定植于拱棚，至4月中旬陆续采收上市。

(2) 秋季 可在露地采取遮阴育苗，8月中下旬播种育苗，9月下旬定植于小拱棚，10月下旬可收获上市。

四、贮藏方法

(一) 油菜沟藏技术

1. 挖贮藏沟 贮藏沟的深浅非常重要，如果过深，则温度高易烂菜；如果过浅，则不保温，油菜易受冻。一般沟长4米、深50～60厘米、宽2～2.5米，沟的长与宽根据油菜数量和覆盖物长短而定。

2. 品种选择 油菜按叶柄的颜色可分为青帮油菜和白帮油菜两种，都可作为贮藏品种。但从贮藏角度看，还是青帮油菜较为合适。因为青帮油菜在生长期内比白帮油菜抗病，叶柄绿色，抗挤压，耐低温，而且经过一段时间的贮藏，叶柄颜色由绿色变白色，品质有所改善。

3. 适时收获 油菜比白菜更为耐寒，因此其收获期比白菜要晚10天左右。即使是降雪天气油菜仍然郁郁葱葱。收获油菜最好在收获前的2～3天浇一次水，有利于拔菜时不断根，而且还能带有护根土，利于增产和改善品质。

生产上也可用韭菜专用镰刀割收，带1.5～3厘米长的根，收获后进行挑选，将棵小、白帮、有病虫害的油菜剔除，当即上市或另贮；将大棵的粗壮株留作贮藏。油菜在挑选的同时进行一次修摘，除去黄叶、烂叶，捆成捆。

4. 入沟及管理　选晴天上午把菜拔下，晾一下，散发热量和水分。下午入沟贮藏。入沟时要把根朝下一棵挨一棵地摆成行，或一捆挨一捆地根朝下、叶朝上码好。上面覆盖防寒物，如草苫等。温度控制在 1℃～2℃。贮藏期间要经常检查，发现叶片变黄，植株上有水珠，说明温度高，要放风降温。贮藏时间约为 40 天，损耗率为 10%～20%。

（二）油菜温床坑贮藏技术

利用温床坑贮藏油菜时，品种选择和收获时期均与沟贮相同。首先把收获的油菜选好修摘一下，不用捆，在床坑一端先摆一趟，然后叶对叶有顺序地摆到另一端。堆高 20 厘米。

摆好后，白天盖上床扇、草苫。如果温度高，则从床扇北端通风。当气温稳定通过 0℃ 之后，用泥将床缝封严，盖好草苫。如果气温再下降，可采取增加草苫覆盖的办法，延长贮藏期。

五、采种方法

油菜在吉林省栽培普遍，很少自行采种，但也可利用温室育苗、露地定植的办法进行采种。育苗方法同移栽油菜育苗。5 月 5 日前后定植露地，当年可抽薹开花结籽。油菜采种必须连年进行选株，否则容易引起品种退化。选留种株时要选择抽薹迟、植株抱合紧密，符合本品种特征又抗病的植株。油菜的采种田与白菜、芥菜等十字花科蔬菜采种田要有 1000 米以上的隔离距离，防止杂交。

第二节　雪　里　蕻

雪里蕻又名分蘗芥菜，是叶用芥菜的一个变种。原产于我国，耐寒性较强，在南北方均有栽培。

雪里蕻营养丰富，鲜菜中胡萝卜素、维生素 B_2、烟酸、维生素 C 的含量在白菜类蔬类中最高。用它加工腌制的咸菜，适合炖、炒和生拌，质嫩味美，是人们冬季生活中良好的蔬菜之一。

一、雪里蕻的生物学特性

(一) 植物学特征

雪里蕻在植物分类学上是属十字花科的一年生或二年生草本植物，为芥菜类的一种。

1. 根 雪里蕻为浅根性植物，根系在土层中分布不广，大部分集中在土表 30～50 厘米的范围内。根系发达，再生能力强，移栽后容易成活，对水分和养分的吸收能力强，在栽培中应多施基肥与追肥。

2. 茎 雪里蕻的茎与其他十字花科的蔬菜一样，在营养生长期极不明显，粗看好像没有茎，茎短缩在根颈上，但分蘖力较强。一般分枝数个到十几个，在栽培上应抓紧分蘖期的水肥管理。经过春化阶段，植株进入生殖生长期，这时短缩的茎开始伸长，上面着生花序与重生形态的细小叶片。

3. 叶 雪里蕻的叶片着生在不明显的短缩茎上，丛生，没有节间。叶型随品种的不同而有差异，大多为倒披针形。叶脉中肋突出，叶面有的平滑，有的皱缩；叶面与叶背或长有稀疏的茸毛或无茸毛。叶缘多有深浅不等的缺刻，形似锯齿，也有全缘无缺刻的。叶色有黄绿色、淡绿色、深绿色等。叶柄细长，色较自身叶肉为浅。叶腋多生有腋芽，在春暖后大都可以抽生成侧枝。

4. 花 雪里蕻的花为总状花序。花茎多分枝，花瓣 4 枚、黄色，花冠呈十字形。雄蕊 6 枚，4 长 2 短。子房上位，有蜜腺，两性虫媒花，自花不易授粉，杂交力强，在留种时要注意防止杂交变种。

5. 果实与种子 雪里蕻的果实为细长角果，由二心皮构成，中央有假隔膜，分成两室，种子排成二列，果实成熟时易开裂，所以要及时采收。每个角果中含有 10～20 粒种子，种子无胚乳，近圆形，种皮为红褐色或紫色。籽粒细小，贮藏养分不多，所以播种后应设法促使种子发芽与出苗。在一般贮藏条件下，雪里蕻种子生产发芽年限为 2 年。

（二）生长发育过程

雪里蕻营养生长时期分为发芽期、幼苗期、莲座期和产品器官形成期。发芽期指种子萌动至 2 片子叶展开，真叶显露，需 5～6天。幼苗期指真叶显露到第一个叶环形成，需 20～30 天。莲座期指第一叶环至第二叶环形成，需 20～30 天。产品器官形成期指第二叶环形成开始至收获。此期雪里蕻腋芽增加，食用叶增厚或伸长。从种子出苗至收获需 60 天左右。雪里蕻的生殖时期即指抽薹开花和结果期。植株经冬贮的低温影响，完成春化阶段后第二年开花结果。

（三）对环境条件的要求

雪里蕻由于品种特性不同，对环境条件的要求也各有差异，了解雪里蕻品种的生育特性是进行正确生产的先决条件。

1. 温度　雪里蕻喜欢冷凉环境，比较耐寒，不怕霜冻，幼苗能忍受一定的高温，所以在炎夏播种后也能生长。营养生长所要求的适温为 15℃～20℃，10℃以下与 25℃以上植株生长缓慢。种子发芽的适温为 20℃～25℃。当温度高出 30℃时，抑制抽薹开花。

2. 光照　雪里蕻通过春化阶段对温度要求不很严格，但却要求有一定的光照时数。如果雪里蕻处于 8 小时以下的短日照，即使温度满足了要求，仍难以通过春化，不能进入生殖生长而抽薹开花。所以只有在一定温度条件下（一般在 10℃左右），加上 8小时以上的长日照，经过 20～30 天，才能促进雪里蕻的发育，缩短从播种到现蕾的时间。

3. 水分　雪里蕻在营养生长期间喜欢较湿润的环境，如遇干旱气候，则生长不良。在分蘖期与商品植株成熟阶段，若水分不足，会使植株组织硬化，纤维增多，分枝减少，品质变劣，影响加工质量。在生殖生长的抽薹开花阶段，土壤不宜过湿，若雨水过多，则会影响开花授粉与结籽。在幼苗期与营养生长初期，土壤也不宜过湿，否则易烂根与发病。因此要根据雪里蕻的生育特性，做好水分管理工作。

4. 养分　雪里蕻的食用部分主要是鲜嫩的营养器官即叶片与叶柄。雪里蕻在生长过程中需要较多的氮素养分，其次是钾、磷元素。如果外界环境条件适宜，单株重可达 2～2.5 千克重，一般的单株重为 0.5～1 千克。由于植株生长繁茂，故必须供给充足的养分，才能达到丰产的目的。因此在栽培上要多施基肥，及时追肥。

5. 土壤　雪里蕻是浅根性作物，又有密集的根系，要求地势高，排水良好，土层深厚的沙质壤土。黏性土与地势低洼的土地一般不适宜栽培雪里蕻。

雪里蕻虽不严格要求轮作，但熟次多的菜区还是不宜连作。否则栽植后病害多，长势弱，产量低，质量差。

二、雪里蕻的优良品种

雪里蕻根据叶形可分为花叶、板叶等类型，适合吉林省栽培的品种主要有以下几种：

1. 板叶雪里蕻　叶长倒卵圆形，叶缘有浅缺刻。株高45～50厘米，开展度 60 厘米。叶质脆嫩，纤维少，品质中等，具有芥辣味，适于加工腌渍。耐寒性较强。每 667 平方米产2500～3000千克。

2. 大叶雪里蕻　吉林市农家产品，栽培历史悠久，全省均有栽培。株高 15～20 厘米，开展度 20 厘米左右。叶大、绿色、倒卵形，叶缘浅裂，叶面有茸毛，叶质较粗。品质中等，适宜腌渍。每 667 平方米产 3000 千克左右。

3. 花叶雪里蕻　长春市郊区农家产品，栽培历史悠久。株高 26 厘米左右，开展度约 15 厘米。叶片倒卵形，叶面有茸毛。叶质细嫩，纤维少，品质上等，适宜腌渍。每 667 平方米产 2500 千克左右。

三、雪里蕻栽培技术

（一）整地与施肥

雪里蕻在生长期中，要求有充足的水分，根系才能发育好，以深耕浅种为好。一般在前作收获后，及时耕翻，深 20～30 厘米，能够增加土壤含水量，使土壤经常保持湿润，结合翻地每 667 平方米施入腐熟农家肥 3000～3500 千克，然后耙碎土块，整平地面，做成 1 米宽的平畦，等待播种。

（二）播种

雪里蕻的生长期一般为 50～60 天，生长适温为 15℃～20℃，25℃以上生长缓慢。一般于 8 月中下旬播种，10 月中下旬收获。

雪里蕻一般采用畦作条播，1 米宽的畦播种 4～5 行。先用小镐开 1.5～2 厘米的浅沟，然后撒播种子，播种后搂平浅沟即为覆土，顺沟再用脚踩一遍。如播后无雨，可在第二天下午或第三天上午浇一次小水即可出苗。出苗后除一次草和浇一次小水。当幼苗长出 2～4 片真叶时定苗，株距 10 厘米左右。每 667 平方米用种量为 1～1.2 千克。

（三）浇水追肥

雪里蕻的主要食用部分是嫩茎、嫩叶，为了能使茎叶柔嫩，品质鲜美，在整个生长发育过程中，需要有充足的水分和肥料。如果水分缺乏，则生长缓慢或停止生长，叶子变老，品质低劣。从播种到种子发芽出土和幼苗期要经常保持土壤湿润，定苗后根据天气情况和土壤水分来决定灌水时间和次数。一般情况下，前期灌水次数多，后期灌水次数少。在生长期间每 4～5 天灌水一次，以保持土壤湿润又不黏重。收获前 6～7 天停止灌水，使植株组织充实，便于加工腌渍。

雪里蕻较耐瘠薄，但肥水充足时，其增产潜力很大，要及时供给肥料才能丰产。雪里蕻需肥以氮肥为主，磷肥、钾肥次之。定苗后每 667 平方米追施人粪尿 1000～1500 千克。9 月植株进入生长盛期结合灌水追肥一次，每 667 平方米追施硝酸铵 15 千克左右。

（四）松土除草

雪里蕻灌水次数多，土壤容易板结，所以要勤松土、除草。幼苗期松土可稍深些，生长中期可浅些。松土次数根据土壤板结情况和植株大小而定。当植株繁茂，叶片重叠时停止松土。

（五）收获

雪里蕻在吉林省的生长期为 50～60 天，收早了降低产量，收晚了影响质量。以全株叶尖相齐而未抽薹，叶柄未老时收获为宜。每 667 平方米产量可达 2500～3500 千克。

四、简易加工

（一）腌渍加工技术

雪里蕻是腌渍咸菜的主要品种。腌渍好的咸雪里蕻不仅质地柔嫩，清脆鲜美，而且能使芥辣气转化成独特的香味。咸雪里蕻可以和各种荤素菜一起炒食或汤食，非常鲜美可口。现将农家雪里蕻腌渍加工的方法介绍如下：

1. 加工要求　腌渍用雪里蕻，要求植株健壮，无病害，新鲜。采收时削净根茎，除去烂叶、病叶和污泥，然后放在干燥的地方晾晒，使其质地变软，直至植株呈萎蔫状态。如天气晴朗，劳力又允许，也可将植株浸在水中洗干净，但要多晾晒些时间，一般晒一个白天即可。总之，在腌渍前要降低植株的水分含量，以保证腌渍质量。

2. 腌渍器具　农村加工腌渍与贮藏用的器具主要是陶瓷质地的缸与瓮。腌渍加工用的器具要求大口不漏水；腌渍贮藏器具要求不漏水，能密封，容量不宜大，小瓮便于贮藏与取食。

3. 腌渍方法　雪里蕻腌渍的原理是通过加盐密封进行嫌气性细菌分解发酵，使物质发生转化。雪里蕻腌渍的具体方法是，先在缸底撒些食盐，然后将加工处理过的雪里蕻根朝下，一棵棵紧挨着排列在缸底，接着在上面撒上一层盐，用手抹动叶片，使盐粒落在叶柄上，再撒些盐，人站在缸内顺着一个方向用双脚密密地往前踩踏。踩平后，上面再撒上一些盐，然后继续踩踏。踩好后，铺上第二层雪里蕻，排列的方法与第一次相同，但踩踏方向相反。这样一层一层地往上铺、踏，直至近缸口为止。铺、踏好后，用清洁稻草盖好，稻草上摊放几根竹片或树枝，再压上几块大石头，至此腌渍加工雪里蕻工作完毕。

用小瓮腌渍加工雪里蕻的方法基本同上，只是不便用脚踩踏，改在浴盆内先撒上盐，用双手搓揉，使盐分渗入枝叶内，枝叶瘪缩，然后往瓮内装一层，加放一些盐，一层一层紧紧装满瓮，最后用稻草将瓮口塞紧。将瓮倒置在一个固定的地方，约过1个月就可取食。

腌渍加工的用盐量，据贮藏期的长短、气温高低、食口咸淡而定。一般100千克鲜菜用盐5～7千克，可以贮藏2个月以上。用盐量为7～9千克的，可以贮藏半年以上。腌渍时由于缸内下层的压力比上层大，下面的盐卤比上面的少，所以在腌渍时，下半缸放盐量应比上半缸多些，以利于缸内上下层发酵均匀，质量一致。

对那些采收时雨水多，或采收后阴天无法晾晒，或植株偏嫩、水分较多的雪里蕻，在腌渍加工时应多放些盐，以保证咸菜的质量。

4. 贮藏与取食　腌渍加工的雪里蕻发酵时产生的二氧化碳气体使缸、瓮内保持良好的嫌气状态，所以腌菜久贮不坏。腌菜发生腐败变质的主要原因是好气性细菌的侵蚀与活动。因此，隔断空气是抑制好气细菌活动，保持贮藏咸菜品质不变的主要手段。农家一般都把腌渍加工好的咸菜缸、瓮放置在通风阴凉的地方，对大口缸腌菜注意使封口水浸没腌菜，如发现腌菜未被浸没时，就用8%～10%冷盐开水补足。

每次开瓮取食时，手和取食工具都应洗净、揩干，不带生水进瓮内，以免引起腌菜腐败变质。对大缸腌菜的取食，最好是分批匀到小瓮内，不宜经常开缸，以减少真菌入侵的机会，保证贮藏质量。

（二）梅干菜简易制法

梅干菜属于干态腌菜，将新鲜雪里蕻晾到原重的30%，再按重量加12%盐腌渍，压干后装坛并压实，经1～2个月成熟18%

加盐，腌好后取出晒干，为梅干菜。

第三节 菜　　心

菜心又名菜薹，是十字花科芸薹属的一二年生草本植物，以花薹为食用器官，原产于我国南方，能周年栽培，是出口创汇的主要蔬菜。菜心品质柔嫩，风味独特，营养丰富，深受消费者欢迎。北方的许多大中城市纷纷引种，在秋末、冬春利用保护地生产，以满足市场的需求。

一、植物学性状及生物学特征

（一）植物学性状

菜心为一二年生草本植物，主根不发达，须根较多，根系浅，主要分布在3～10厘米深的土层中，根的再生能力较强，移栽易成活，由于主根不发达，所以抗旱能力稍差，应种植在保水、保肥力强的壤土或沙壤土中。茎直立短缩。叶绿色互生，有卵圆形、椭圆形，绿色或黄绿色，叶缘波状，基叶具裂片或无，或叶翼延伸，叶脉明显；叶柄较长，横切面为半月形，浅绿色薹叶卵形或披针形，绿色，下部的叶柄短，上部的无叶柄。抽生的花薹横切面为圆形，黄绿色或青绿色，抽薹开花后形成总状花序，多分枝，完全花，十字形花冠，淡黄色，四强雄蕊。果实为长角果，内含15～30粒种子，种子较小，近圆球形，无光泽，黑褐色或褐色，千粒重1.5克左右。

（二）生长发育

菜心属低温长日照植物，整个生长发育包括种子发芽期、幼苗期、叶片生长期、菜薹形成期和开花结实期，因菜薹为菜心的主要上市商品，所以从种子发芽到菜薹形成是菜心的商品栽培过程，一般为30～60天。

1. 发芽期　从种子萌动到小苗子叶展开为发芽期，需5～7天。菜心萌动的种子可受温度的影响而缩短或延迟生长和发育过程。

2. 幼苗期　从第一片真叶展开到第五片叶展开为幼苗期，需14～18天。

3. 叶片生长期　从第6片真叶展开至植株现蕾为叶片生长期，在此期间幼苗时形成的叶片继续生长，叶原基陆续成为新叶，叶片生长的同时植株进行花芽分化、生长和现蕾。这个时期植株表现为茎短缩，节间密，叶片较大，有明显的叶柄。因不同品种和不同的栽培条件，现蕾时植株的叶片数有所不同，一般8～12片叶，需7～21天。

4. 菜薹形成期　从植株茎端现蕾到菜薹开始采收需14～20天。期间叶片继续生长，同化器官迅速壮大，叶面积增加，叶的重量增加，同时主花茎伸长、增粗并继续分化发育花蕾至形成菜薹。此时期也因品种和栽培条件不同，所需生长时间有所差异。

5. 开花结实期　植株初花后花茎开始迅速生长，并从腋芽由上而下陆续抽生侧花薹，同时自下而上开花结实。从初花至种子成熟，一般需要50～60天。

（三）对环境条件的要求

1. 温度　菜心在月平均温度11℃～28℃条件下均可顺利发育，但不同生长期适温范围不同。萌芽和苗期生长适宜温度为25℃～30℃，在此温度下，种子萌动至子叶展开需5～7天，真叶露心到第五片真叶展开需9～11天，整个苗期为14～18天；从第六片真叶至现蕾期为叶片生长期，为10～21天；从现蕾至菜薹采收为菜薹形成期，适温为15℃～20℃。最好前期温度稍高，以促进植株营养生长，后转入生殖生长，逐渐降温，以利菜薹形成。

2. 光照　日照长短对菜心的现蕾和开花无显著影响，但充足的光照有利于同化物质的积累，可有效促进菜薹形成。

3. 肥水　肥水与菜薹形成关系密切，尤其是植株现蕾前后肥水充足，可促进菜薹形成。主薹采收后，应及时供应肥水，以促进侧薹形成，延长收获期，提高产量。

4. 土壤营养　菜心对土壤的适应性较强，沙土、壤土、沙壤土、黏土等都能种植，但菜心种植密度较大，生育期短，是一种喜肥的蔬菜，需要供给大量的养分，才能获得优质高产，所以应选择保水、保肥力强的壤土或沙壤土种植。种植菜心，尤其是在植株现蕾前后，需要充足的水肥，氮、磷、钾三要素均不可缺少，以加速同化器官的生长，保证菜薹质量。主薹采收后还需追肥，可促进侧薹的生长，延长采收期。但是，现蕾前不宜偏施氮肥，以免推迟菜薹的发育，而不能及时现蕾。

二、优良品种

(一) 早熟种

此类品种对温度反应敏感，发育迅速，耐热性较强，但温度稍低即易提早抽薹。主要品种除黄叶早心、青柳叶早心、油叶早心、吉隆坡菜心、桂林柳叶早菜心等长期栽培种类外，还有广州市蔬菜科研所育成的四九菜心、宝青 60 天菜心两个优良品种。主要特征为：

1. 四九菜心　早熟，从播种至初收约 33 天。株形紧凑，叶半直立生长，适宜密植。薹高 18 厘米左右，菜心匀称，品质优良。抗热耐湿能力强，对霜霉病、软腐病抗性较强。产量稳定，每 667 平方米产量可达 1000～1500 千克。不足之处是菜薹颜色略淡。适合南北各地夏、秋栽培。

2. 宝青 60 天菜心　早中熟，叶片和菜薹深绿色，富有光泽，菜薹较粗，横径 1.8 厘米，薹高 30 厘米，长势一致，优质高产。适于秋冬栽培，适应性强。

(二) 中熟种

发育较早熟种稍慢，耐热性与早熟种相近，遇低温易抽薹。主要品种有黄叶中菜心、青柳叶中菜心和青梗中菜心等。北方引种青梗中菜心表现较好。其特征为：植株中等，叶片深绿色，生长较快，腋芽有一定萌发力，以采收主薹为主，兼收侧薹。播种至收获需 50～65 天，可连续采收 20～30 天，每 667 平方米产量可达 1500 千克以上。适宜春、秋、冬季栽培。

（三）晚熟种

此类品种对温度要求比较严格，发育慢，抽薹迟，主侧薹兼收，产量高，不耐热。主要品种有：

1. 迟心 29 号　广州市蔬菜研究所选育的晚熟新品种，生长期 75～85 天。株高 40～45 厘米，开展度 33 厘米，13～15 片叶时开始抽薹，薹长 32 厘米，薹粗 1.8～2 厘米，品质优良且耐贮运。该品种耐霜霉病和软腐病，抗寒性强，适合北方地区冬、春及晚秋栽培，可弥补冬春设施栽培品种单调、供应不均衡的缺陷。

2. 三月青菜心　植株较大，生长期长，抽薹晚，播后 55～60 天始收，采收期长达 30～40 天。腋芽萌发力强，主侧薹兼收，产量高，每 667 平方米可产 1500 千克以上。耐寒，不耐热。株行距以 18 厘米×22 厘米较宜。

3. 迟心 2 号　中晚熟，株型较小，12～14 片叶时抽薹，薹条整齐，长约 25 厘米，菜薹油绿色，以采收主薹为主，抗病力强。适合我国大部分地区秋、冬、春设施栽培及露地种植，每 667 平方米可产 1000 千克左右。

三、栽培形式与茬口安排

北方地区春、夏、秋三季菜心可露地栽培，冬、春季则利用日光温室、塑料保暖大棚与黄瓜、番茄等主栽作物间、套作，或采用棚室单独种植。

四、栽培技术

（一）培育壮苗

培育壮苗是菜心栽培的关键技术，一般选用适应性较强的中熟种和抗寒性强、主侧薹兼收的晚熟品种。壮苗的标准是下胚轴节间短，茎粗壮，叶面积大，叶片厚，色深，根系发达，定植后缓苗生长快，对不良的环境和病害抵抗能力强。下面以冬茬菜心日光温室生产为例，介绍育苗方法：

1. 播种　选用改良阳畦或温室等场地，以肥沃菜园土为苗床，如有条件苗床应消毒后使用。播种前每 667 平方米施腐熟并过筛的有机肥 2000 千克以上，施肥后细土与肥料充分混合、拌匀，平整苗床后浇足底水，盖上薄膜。烤畦 3～5 天，以提高畦温。播种量根据种子发芽率而定，一般发芽率 85％以上时，每 667 平方米地用种量为 50～60 克。菜心的种子一般不需浸种催芽，生产上多用于种子直播、条播或撒播，播后覆细土 0.5～1 厘米，畦上插小拱竿盖膜。出苗后可揭去薄膜，当小苗长出 2 片真叶时间苗，可按 4～5 厘米见方留苗。在有条件的情况下，穴盘育苗是一种值得推广的育苗手段，既可省去间苗、分苗的工作，节省工时，又可有效地保护根系，缩短苗期。一般用 128 孔塑料育苗盘，基质配比可参考蛭石与草炭比为（2～3）：1，并加入适量的复合肥作为底肥。

2. 苗期管理　从出苗到分苗期间应根据气候条件的变化进行管理，出苗后撤掉苗床上的小拱棚，降低湿度。分苗前进行适当的放风，以增强幼苗对低温的适应性。如果幼苗密度过大，则通风透光性差，容易造成幼苗徒长。应进行适当的间苗，当 2～3 片真叶时，可按 4～5 厘米间苗，也可直接分苗。分苗前 15 天左右准备好分苗畦（方法同苗床），分苗应选在晴天进行，分苗株行距为 8～10 厘米。苗期湿度的管理应分段进行，发芽期为促进出苗快齐，日温应保持在 25℃～30℃、夜温不低于 15℃。出苗后应降低温度，日温保持在 15℃～20℃、夜温不低于 10℃。温度过高，胚轴容易徒长；温度过低，植株生长缓慢，易发生病害。分苗后的缓苗期，白天温度保持在 20℃～25℃、夜温 15℃左右；缓苗浇水后逐步降低温度，白天保持在 15℃～20℃、夜温 10℃以上。冬季如遇连阴天时，草席应晚揭早盖，保持温度，但不可连续几小时不揭开，幼苗长时间处在黑暗中，营养易消耗，苗愈长愈弱，遇高湿很容易引发病害。定植前 4～5 天苗床浇一次透水，第二天可控苗、囤苗。保护地育苗，正值冬季寒冷季节，须特别注意：土壤水分蒸发慢，为保持土壤的温度，要严格控制浇水量；菜心中晚熟品种的发育对温度要求比较严格，所以一般不宜提早种植，否则幼苗得不到适宜的发育条件，影响植株正常进行生殖生长；冬季和冬春季育苗温度不宜过低，以防止植株过早发育，提前抽薹。

（二）定植

播种后 20～30 天，真叶 5～6 片时，可定植。定植密度可根据具体生产情况和采收目的而定，中熟种为 13 厘米×16 厘米，晚熟种为 18 厘米×22 厘米。定植前扣棚，以提高地温。菜心种植密度大，所以需肥量大，定植前种植地要施足长效性基肥，且保护地需肥量约为露地的 2 倍，基肥应选用优质腐熟的有机肥，每 667 平方米施用 3000～4000 千克，并施磷、钾复合肥 20～30 千克，生长期还应追肥 1～2 次。定植后密闭大棚或温室，夜间大棚四周要围上草席，以保证日温 20℃～25℃、夜温不低于 15℃～20℃，以利缓苗。白天温度高于 25℃ 时，要进行适当通风，不宜过大，底风不放。缓苗后为保证日温 15℃～20℃、夜温不低于 10℃ 的生长条件，可适当调节放风口的大小。

（三）定植后田间管理

菜心种植密度较大，要达到优质高产，定植后水肥的管理依然非常重要。菜心的生长发育对温度要求较高，所以说保护地生产中温度管理也是不应忽视的。

1. 水肥管理　在定植水的基础上，定植后 7～8 天再浇一次缓苗水，还需耕除草松土以促进根的生长，缓苗后自叶簇生长期到现蕾前要适当控水。菜薹形成期和采收期，要增加浇水次数保持土壤湿度。菜心的生长期和采收期较长，除了施足基肥外，还要追肥 1～2 次，一般施用氮肥、腐熟人粪尿或浸泡过的麻渣水等速效性肥料。

2. 温度管理　菜心的保护地生产中温度管理是十分重要的，

不同的保护地设施保温性能不尽相同，所以在具体管理方法上有一定的差异，但是菜心生长发育阶段所需的温度条件是一致的。定植后的缓苗期，白天温度保持在 20℃～25℃、夜间 15℃～20℃；缓苗后到现蕾前的叶簇生长期要求日温保持在 18℃～22℃，夜温 12℃～18℃；从现蕾到采收期要求日温保持在 15℃～20℃，夜温 10℃～15℃；菜薹形成期和收获期温度不宜过高，否则影响菜薹的质量。根据菜心发育的温度要求，生产中应随时观察保护地设施中的情况，调节草席揭盖时间、通风口的大小和通风时间长短。

（四）采收

菜心以主花薹和侧花薹作为上市商品，只收主薹还是主侧薹兼收，因品种、栽培季节、气候条件、种植技术而异。早熟品种以主薹为主，中晚熟品种主侧薹兼收。当菜薹高且叶的先端已初花时，俗名"齐口花"，为适宜采收期。收获标准为薹粗、节间稀疏、薹叶少且细，达到初花。未达此标准则太嫩，超过时则太老，品质差。菜心采收后未能及时上市时，可用保鲜膜包装后贮藏在 0℃ 的冷库中。

第四节 紫 菜 薹

紫菜薹又名红菜薹、红油菜薹等，是十字花科芸薹属芸薹种白菜亚种的一个变种，一年生或二年生草本植物，以花薹供食用，品质柔嫩，富含维生素和矿物盐类，炒食或制汤，色鲜味美。紫菜薹是我国特产蔬菜，主要分布于长江流域各地，尤以湖北武昌、四川成都最为著名。

一、植物学性状

紫菜薹主根不发达，根系较浅，须根多，再生力强。茎短缩，发生多数基叶。叶椭圆形或卵形，色绿或紫绿，叶缘波状，叶脉明显，叶柄较长，均为紫红色。花薹易抽生，高 30～40 厘米，截面近圆形，紫红色。腋芽萌发力强，可萌发数条甚至数十条侧花薹。薹叶细小，茎部抱茎而生。总状花序，花黄色。果实为长角果。种子近圆形，紫褐至黑褐色。

二、对环境条件的要求

紫菜薹性喜冷凉气候，种子发芽适温为 25℃～30℃。幼苗对温度的适应性强，在 15℃～30℃下都可正常生长，但以 20℃～25℃为好，在 15℃以下低温下生长缓慢。菜薹发育要求较低的温度，以 10℃～20℃为宜，10℃以下生长缓慢，25℃以上发育不良。紫菜薹的发育对光照长度要求不严，菜薹形成期要求强度充足的光照，还需要丰富的矿质营养元素。

三、栽培品种

1. 大股子 早熟。主薹高 50～60 厘米，径粗约 2 厘米，紫红色。侧薹萌发较多，每株达 20～30 根。品质较佳，耐寒力差。每株产菜薹约 0.5 千克，每 667 平方米产 1250～1500 千克。

2. 尖叶子红油菜薹 早熟。主薹高 40～50 厘米，径粗约 1.2 厘米。侧薹较多，品质中等。耐热性强。每 667 平方米产菜薹 750～1000 千克。

3. 二早子红油菜薹 又名圆叶子油菜，中熟。主薹较粗，侧薹较多，抽薹整齐，品质好。耐热性强。每 667 平方米产菜薹 1250 千克左右。

4. 胭脂红 晚熟。主薹高 40～50 厘米，径粗 1.6 厘米左右。侧薹较少，品质优良。耐寒性强。单株菜薹 0.4 千克，每 667 平方米产菜薹 1500 千克。

四、栽培季节与方式

由于紫菜薹的营养生长需要较高的温度，而较低温有利于菜薹的发育，即整个生长期的前期要求温度较高，后期要求温度较低，故紫菜薹多采取秋栽，南方冬暖地区还可以进行秋冬栽培。一般长江以北地区在 9 月阳畦播种育苗，10 月定植，11 月开始采收。长江流域各地早熟品种多在 8～9 月露地播种育苗；晚熟品种则为 9～10 月播种育苗；中熟品种介于两者之间。播种过早，前期高温易发生病毒病和软腐病，还不必要地延长了营养生长期；过迟，营养生长后期温度过低，营养生长不良，菜薹产量较低。紫菜薹供应期可从10月一直持续到翌年3月。

五、栽培技术

（一）育苗

培育壮苗是获得高产、优质菜薹的关键。除需要适时播种外，苗床应选择肥沃壤土或沙壤土，播前每667平方米施腐熟厩肥1500～2000千克。每667平方米苗床播种0.5～0.75千克，可供6670～10 005平方米大田栽培。出苗后及时拔除杂草，自真叶展开后，分批间苗2～3次，保证幼苗有足够的营养面积，结合间苗进行追肥、中耕除草，促进幼苗生长。

（二）定植

幼苗苗龄25～30天即可定植。定植前每667平方米施腐熟有机肥2000～3000千克，深翻整地，耙平作畦。定植株行距一般为（20～25）厘米×（30～50）厘米，可根据不同品种而定。

（三）田间管理

定植缓苗后，及时追肥，促进幼苗生长随即进行中耕蹲苗，以促进根系伸长。蹲苗结束后及时浇水追肥，肥水要足、要浓，以保证有一个健壮的营养生长体。菜薹形成期要保持比较湿润的环境，土壤过于干旱，不但降低产量和品质，还易发生病毒病；过湿，则易感染软腐病。入冬前，控制肥水，以免植株生长过旺，易受寒害。

（四）采收

主薹长到30～40厘米、初花时，为采收适期。主薹采收时，要在基部保留少数腋芽，以保证侧薹粗壮。收割时，切口略倾斜，以免积存肥水，引起软腐病。

第五节 乌 塌 菜

乌塌菜又名黑菜、塌棵菜，是十字花科芸薹属芸薹种白菜亚种的一个变种，以墨绿色的叶片为产品。以经霜雪后叶片甜美味鲜而著称。乌塌菜原产于中国，长江中下游地区多有分布，可周年生产，均衡供应，但以秋冬季栽培为多，是当地越冬菜的主栽品种。

一、植物学性状

乌塌菜株高 20～55 厘米。须根发达，分布较浅。短缩茎，株丛塌地或半塌地生长。莲座叶，椭圆至倒卵形，色浓绿至深绿，叶面光滑或皱缩，少数具有茸毛；叶柄肥厚，无叶翼，柄色白或浅绿。

二、对环境条件的要求

（一）温度

乌塌菜适应性强，较耐寒冷，不抗高温，短期－10℃不致冻死。种子发芽适温为 20℃～25℃，生长发育适温为 15℃～20℃，25℃以上高温条件，植株生长衰弱，易受病毒危害，品质下降。

（二）光照

乌塌菜生长发育要求较强的阳光，阴雨、弱光易引起徒长，茎节伸长，品质下降。长日照可促进花芽分化及发育。

（三）水分

土壤含水量对产品品质影响较大。水分不足，生长缓慢，组织硬化粗糙，若再遇高温天气，更易发生病害；水分过多，根系窒息，影响养分吸收，严重的会因沤根而萎蔫死苗。

（四）土壤营养

乌塌菜对土壤适应性强，但以富含有机质、保水保肥力强、偏酸的壤土最适宜。肥水应随植株生长逐渐增加。肥料以氮肥为主，钾肥次之，微量元素硼的不足易引起缺硼症。

三、栽培方式与季节

乌塌菜适应性强，生长期短，对产品规格要求不严，一年四季都可栽培。华北地区，主要茬口安排有：

1. 春茬 2～4 月播种，4～6 月收获。

2. 夏茬 6 月播种，8 月收获。

3. 秋茬 8 月播种，10～11 月收获。

4. 冬春保护地栽培 采用棚室覆盖栽培以提早上市或提高产量，可根据不同采收期，确定相应播种期。

四、优良品种

1. 塌棵菜 上海市郊农家品种。株型塌地，叶簇紧密。较耐寒。单株重 0.3～0.5 千克。

2. 乌塌菜 常州农家品种。株型塌地，单株重 0.4 千克。耐寒性强，适合于早春和秋冬栽培。

3. 小叶乌 植株高 40～50 厘米。株型直立，梗长，开展度小。中熟品种，耐寒力强，抽薹晚，很适合早春栽培。

4. 毛叶黑菜 又名大麻叶，株高 50 厘米，叶柄半直立，植株开展度较大。抗性和耐寒力强，抽薹晚，品质好，但生长势较弱，产量不高。

五、栽培技术

（一）播种育苗

根据不同栽培目的和方式，如露地、棚室或阳畦，选用不同品种或分期播种，以期获得更高的经济效益。乌塌菜苗床可选择土质深厚、疏松的熟地深耕 30 厘米，施入腐熟有机肥每 667 平方米 2000～2500 千克作基肥，1～2 周后整地作畦，做成平畦或低畦。每 667 平方米播种 2 千克，可移栽大田 2668～3335 平方米。播前先把苗床浇透底水，然后撒播种子，再覆盖 1 厘米厚细土。冬季或春季播种，气温偏低，可在苗床上覆盖塑料薄膜；夏季或秋季播种，气温较高，常有暴雨天气，播后可覆盖适量的稻草，以遮阴保墒。出苗后及时撒去薄膜或稻草，保证水分供应。乌塌菜移栽苗龄以 20～25 天为宜。

（二）定植与管理

乌塌菜定植前，大田每 667 平方米施大粪干及土杂肥 2500 千克作基肥，深翻耙平做平畦或低畦，畦宽 1～1.2 米，定植宽度为 10～15 厘米见方，保护地栽培可适当增加栽植密度。定植后灌足定植水，保持田间一定湿度，直到缓苗。缓苗后酌情灌水，可追一次稀粪水或每 667 平方米施尿素 5～7 千克。以后经常保持土壤湿润并结合浇水分期追施氮肥。

（三）采收

乌塌菜整个生长期都可采收食用，但以生长期 70～120 天的产品品质最佳，特别是经霜雪冷冻后，其味甜鲜美，为菜中珍品。具体采收时间据乌塌菜生长情况和市场行情而定。

六、利用方式与方法

乌塌菜主要食用叶和叶梗，通常炒食或煮食，特别是用猛火爆炒的菜叶，清香味美，色泽翠绿，可谓色香味俱全。此外，塌地型的乌塌菜外形圆正，常被用作拼盘上的装饰菜。

参考文献

1. 李家文．中国的白菜［M］．北京：中国农业出版社，1984

2. 刘宜生．中国大白菜［M］．北京：中国农业出版社，1998

3. 蒋名川．大白菜栽培［M］．北京：中国农业出版社，1980

4. 张振贤，艾希珍．大白菜优质丰产栽培——原理与技术［M］．北京：中国农业出版社，2002